El mensaje y el mensajero sideral

Alianza Editorial Mexicana

Sección: Ciencia y Técnica

Galileo-Kepler:
El mensaje y el mensajero sideral

Introducción y traducción
de Carlos Solís Santos

®

El Libro de Bolsillo
Alianza Editorial

Secretaría de Educación
Pública

Título original: *Sidereus nuncius. Dissertatio cum nuncio Sidereo*
Traductor: Carlos Solís Santos

Coedición: —Secretaría de Educación Pública
—Subsecretaría de Educación Superior e Investigación Científica.
—Dirección General de Investigación Científica y Superación Académica.
—Consejo Nacional de Fomento Educativo.

"La presente edición ha sido auspiciada por la Dirección General de Investigación Científica y Superación Académica de la Subsecretaría de Educación Superior e Investigación Científica de la S.E.P."

Primera edición en "El Libro de Bolsillo"; México, 1988

Calle Milán, 38; tele, 200–00–48
ISBN: 84-206-9995-0

ISBN: 968-6001-73-5
Impreso en México/*Printed in Mexico*

Casta Diva, che inargenti
Queste sacre antiche piante,
A noi volgi il bel sembiante
Senza nube e senza vel.

(Norma)

1. Introducción

Los corruptores del saber antiguo

En el *Vespro della Beata Vergine,* Claudio Monteverdi compendió todos los tipos de música, acogiendo incluso en el Magnificat el estilo operístico. Se trata de una obra brillante que incorpora temas tradicionales a la modernidad para impresionar al auditorio con la magnificencia de la Iglesia Católica, poderosa y mundana como el concierto inicial tomado de la tocata para viento de la introducción del *Orfeo*. Esto ocurría en 1610, el año en que Galileo publicó sus noticias siderales, a las que bien puede servir de acompañamiento.

Sin embargo, esos descubrimientos astronómicos constituyeron un apoyo a la cosmología copernicana, que pronto iba a ser atrabiliariamente atacada por los miembros de las principales sectas, especialmente la católica, siendo reconfortante comprobar cómo el hereje Kepler aceptó y defendió inmediatamente a Galileo. Sin duda ambos convendrían con el Ishmael de *Moby Dick* en que «mejor dormir con un caníbal sobrio que con un cristiano borracho».

Un lustro prodigioso

Los descubrimientos de Galileo están expuestos con la urgencia y excitación de quien acaba de ver grandes cosas sin apenas dar crédito a sus ojos. Esta impresión de noticias frescas se acentúa al reparar en que el manuscrito de la obra que aquí presentamos se entregó a la imprenta después del 2 de marzo de 1610 (fecha de la última observación recogida), publicándose diez días más tarde, y en que desde el día de Reyes hasta aquella fecha Galileo pasó las noches sin dormir para poder contarnos lo que veía a distintas horas. (Y viviendo en un país de clima amable, sólo pudo reposar una media docena de noches en que las nubes imposibilitaban la observación.)

La novedad de lo visto es tal para el propio Galileo, que irrumpe en su vida y sus planes obligándolo a dejar de lado durante cinco años sus estudios sobre el movimiento, tema que prácticamente no aparece en la correspondencia entre 1610 y 1615. Estas nuevas lo lanzaron a la defensa pública del copernicanismo, empresa que le costaría la persecución eclesial. Había rehusado emprender esa defensa cuando se lo pidió Kepler trece años antes. El 4 de agosto de 1597, Galileo escribe a Kepler señalando que si bien había adoptado la doctrina copernicana desde hacía varios años, con todo carece del valor de publicar las explicaciones de muchos fenómenos basados en dicha teoría. Tres meses antes había escrito a Jacopo Mazoni confesando tener a la doctrina copernicana como mucho más probable que la aristotélica, procediendo a refutar con argumentos geométricos una de las críticas clásicas al heliocentrismo, cual es que si la Tierra no estuviese en el centro del orbe estelar, veríamos menos de uno de sus hemisferios.

Anteriormente al lustro de sus descubrimientos astronómicos, el compromiso con el copernicanismo parecería fundarse en su capacidad para constituirse en el centro de la refutación de los dogmas clásicos y en representar el núcleo heurístico de las nuevas orientaciones científicas en mecánica, en astronomía y en el uso de las matemáticas como esqueleto del estudio de la naturaleza. Pero si antes de 1610 calla su compromiso copernicano es porque las pruebas de que dispone son indirectas, pudiendo englobarse en dos apartados: *a)* la refutación de las críticas clásicas al movimiento de la Tierra que, aunque eficaces, no muestran más que la *posibilidad* del mismo y no su realidad; y *b)* las consecuencias mecánicas observables derivadas del supuesto movimiento terrestre (como los alisios o las mareas, a las que quizá aludía en la carta a Kepler), que constituyen pruebas en todo caso muy indirectas en ausencia de una mecánica no aristotélica firmemente establecida, en la que Galileo trabajaba cuando se encontró con pruebas directamente observables en los cielos y en las que seguirá trabajando toda su vida.

Así pues, descubrimientos tales como el carácter montañoso y «terrestre» de la Luna, los satélites de Júpiter que mostraban un claro ejemplo de la posibilidad de un doble movimiento celeste (con lo que la Luna bien podría ser un satélite de una Tierra girando en torno al Sol) y sobre todo las fases de Venus, incompatibles con el esquema planetario de Ptolomeo, pusieron en sus manos una prueba directa y sensorial, la máxima que se podía pedir, de la verdad del copernicanismo. Consecuentemente, se lanzó a su defensa.

Los descubrimientos astronómicos le valieron a Galileo un difícil aunque relativamente pronto reconocimiento (en abril de 1611) por parte de dos prestigiosas instituciones. La primera, la Academia de los Linces de F. Cesi, dedicada al estudio de las cosas naturales desatendido en la Universidad, y a la que pertenecía Porta, recibió a Galileo como sexto miembro con todos los honores. La segunda, el Colegio Romano, vale decir los jesuitas, reconoció la corrección básica de sus observaciones, e incluso el padre Odo van Maelcote leyó públicamente en presencia de Galileo una confirmación de los descubrimientos, lo que equivalía al espaldarazo por parte de la comunidad astronómica más eficiente de cuantas existían.

Con todo, los jesuitas y sus más cerriles correligionarios, los dominicos, compartían con los aristotélicos de las universidades la animadversión hacia las consecuencias cosmológicas que Galileo extraía de sus observaciones. De ahí que los más ilustrados jesuitas adoptasen el sistema híbrido de Tycho Brahe que, al hacer que los planetas girasen en torno al Sol mientras que éste circunvalaba con su pesada prole la Tierra, inmunizaba a un aristotelismo decrépito contra las pruebas observacionales de Galileo. De ahí que éste emprendiese una brillante y escarnecedora campaña contra esos santos varones, sobre todo en cabeza del padre Cristóforo Scheiner, S. J., con ocasión de una polémica en torno a las manchas solares. De este modo se enajenó la inicial aceptación de los buenos padres, atrayendo sobre sí la diplomática, aunque no por ello menos contundente orden de silencio del jesuita Roberto Bellarmino, cardenal de la Inquisición cuando la ominosa ejecución de Giordano Bruno en la hoguera.

Una nueva filosofía para una nueva ciencia

La cosmología aristotélica había sido incorporada de algún modo a la visión del mundo cristiano cuando la Iglesia de la Edad Media se había dotado de un ropaje conceptual mediante la cristianización del aristotelismo. Nada había que impidiese a tan rancia institución adoptar otros ornamentos intelectuales (como ocurre hoy día); pero sus dirigentes eran demasiado conservadores y prepotentes como para tomarse tan abrumador trabajo tan sólo porque un insignificante y obstinado toscano insistiese en jugar con sus tubos y sus lentes. Y así se lo hizo saber Bellarmino cuando Galileo trató de enseñarles cómo hacerlo en su *Carta a la Gran Duquesa Cristiana* (1615).

La cosmología aristotélica imperante provenía, con más o menos corrupciones, del siglo IV a. C., cuando Aristóteles intentó una inteligente sistematización de los incipientes estudios de la naturaleza. Concretamente, trató de unificar la naciente astronomía matemática y la física, que habían de divorciarse poco después hasta su reconciliación en la época moderna. Platón había planteado el problema de la explicación matemática del movimiento de las estrellas errantes, los planetas, y Eudoxo respondió iniciando la construcción de modelos geométricos capaces de *imitar* dichos movimientos. Eso no era suficiente para el genio de Aristóteles, quien consideraba que una cabal explicación cosmológica no debía limitarse a reproducir los movimientos aparentes con construcciones puramente ideales, sino que debía tomar en consideración los comportamientos de objetos materiales concretos sometidos a principios físicos. Su materialización y sistematización de las esferas puramente matemáticas de Eudoxo no duró mucho, pues pronto las construcciones de éste quedaron superadas por las técnicas más flexibles y potentes de Ptolomeo, sin que apareciese un nuevo Aristóteles capaz de añadir significado y contenido físico a su mera utilidad como construcciones para el cómputo. De ahí la esquizofrenia subsiguiente de filósofos naturales (físicos) y matemáticos (astrónomos) que, aceptando la pertinencia de los principios aristotélicos para el mundo natural, no podían menos de reconocer que para nada les servían en la resolución de sus problemas técnicos de cómputo y predicción. De ahí que los constructos astronómicos se tendiesen a interpretar como meros instrumentos de cálculo, definiendo una tradición propia diferente de la física ocupada de la materia y los principios del movimiento.

Uno de los mayores éxitos de Copérnico, sin duda el que más atrajo a los mejores copernicanos como Galileo y Kepler, fue proponer una reordenación de los cuerpos celestes que podía aspirar por vez primera, desde los tiempos de Aristóteles, a la reunificación de la astronomía matemática y la física material. El prefacio al *De Revolutionibus* de Copérnico deja muy claro que todos los achaques de la astronomía derivan de partir de cualesquiera suposiciones arbitrarias en la construcción de modelos planetarios, pues sólo partiendo de condiciones verdaderas (reales) se puede aspirar a la verdad y al éxito computacional y predictivo: no hay astronomía (matemática) operativa sin una física (filosofía natural) bien fundada. Esta unificación o proyecto de unificación copernicano entraña un doble programa de inyectar realidad física a las matemáticas de los astrónomos y de inyectar matemáticas a la naturaleza y su estudio, pues hasta entonces no sólo los astrónomos habían rehusado considerar como materiales sus constructos, sino que por los mismos motivos los filósofos habían tenido a las matemáticas por un método inadecuado para estudiar la naturaleza, el movimiento de la materia.

Es este programa, más bien que la ineficaz unificación de Copérnico, el que atrae a Galileo y Kepler, neoplatónicos o, mejor aún, neopitagóricos en el sentido de considerar a las matemáticas como la arquitectura del mundo. El dios de Kepler es un geómetra que crea según armonías y proporciones matemáticas, mientras que Galileo es un seguidor de Arquímedes, para quien la naturaleza está escrita con caracteres geométricos. En este sentido decíamos más arriba que el copernicanismo de Galileo significa, ante todo, el punto de arranque de las innovaciones en astronomía, física y matemáticas.

Galileo nunca escribió un tratado de metodología, por más que en *El ensayador* expresase algunas ideas al filo de la polémica. Con todo, pueden verse muchos ejemplos en sus obras de cómo llevaba a cabo sus investigaciones. En este sentido, el pasaje seleccionado más abajo (Apéndice I, 1) de la *Historia y demostraciones en torno a las manchas solares,* publicadas por la Academia de los Linces en 1613, ilustra perfectamente su aplicación de la geometría a los asuntos cosmológicos. En dicho pasaje se ataca una de las tesis centrales de la cosmología clásica, aquélla según la cual los cuerpos celestes, hallándose más allá de la esfera de la Luna que encierra los cuatro elementos imperfectos, están desprovistos de generación y corrupción, de imperfecciones y cambios. Esto queda desbaratado mediante la aplicación de un poco de geometría elemental a las experiencias de los sentidos. Y asimismo ilustra el procedimiento galileano de simplificar e idealizar la situación de modo que permita la aplicación directa y clara de la geometría, dejando para después la consideración de los impedimentos derivados de la imperfección de la materia que, al hurtarse un tanto al transparente plan matemático, empaña y oscurece algo la impoluta operación de la abstracción geométrica. El apartado sobre el carácter cambiante de *las manchas* (más abajo, pp. 172-3) anuncia ya con claridad el procedimiento más ampliamente desarrollado en las obras de madurez (véase, por ejemplo, la Jornada Cuarta de los *Discorsi,* p. 273 y ss.). En este sentido, Galileo se muestra más aristotélico que los propios seguidores del filósofo. En efecto, éstos habían constituido en dogma la idea débilmente expresada por Aristóteles de que estudiar la naturaleza es estudiar el movimiento, cosa que no es fácil hacer con las matemáticas, dado que la exacta precisión de éstas no es de esperar en las cosas materiales, sino tan sólo en las abstracciones en las que se eliminan las peculiaridades de la materia. «De ahí que no sea ese el método de la ciencia natural, pues es claro que toda la naturaleza es material» *(Metafísica,* 995 a, 15-17). Con este método de idealizaciones geometrizables, más impedimentos derivados de las imperfecciones de la materia, Galileo está a la vez reconociendo y resolviendo el problema agudamente visto por Aristóteles.

La invención del telescopio

Todas estas revoluciones cosmológicas y filosóficas de Galileo se vieron desencadenadas, si no provocadas, por la invención casual de un artilugio óptico al que se aplicó para satisfacer a la República Veneciana y obtener un contrato vitalicio y la duplicación de su sueldo. El invento no es original, como Galileo reconoce en todas las ocasiones, sino que puso manos a la obra al enterarse de que un flamenco, Hans Lipperhey, andaba vendiendo uno diseñado por él en 1608 tras obtener una patente del conde Mauricio de Nassau. Tampoco parece haber sido el flamenco el primer inventor, pues el catalejo es uno de esos hallazgos que andaban rondando desde finales del siglo anterior, y tanto Marcantonio de Dominis como Giambattista Porta pudieron haberlo fabricado. El capítulo 7 de la *Magia natural* de éste (ampliada en 1589) contiene, como observa Kepler, oscuras referencias a artilugios ópticos para ver próximas las cosas lejanas. Incluso había un telescopio holandés anterior (1604) de Zacharias Janson que se habría basado, según el diario de Beeckman, en otro italiano fechado en 1590. Finalmente, Kepler, en sus *Añadidos a Vitelo* (1604), demuestra tener en la mano todos los elementos teóricos para explicar el funcionamiento del telescopio, si bien carecía del espíritu y la habilidad práctica de Galileo, necesarios para llevar a cabo su construcción. Así que, aunque estuviesen sobre la mesa tanto el aparato como las bases teóricas de su funcionamiento, sólo Galileo poseía el genio de usarlo como una palanca para mover la Tierra. Cosa que hizo.

Con todo, este uso resultó inesperado para el propio Galileo, quien en un principio lo concibió como un instrumento militar para sacar dinero (véase el Apéndice III), y sólo varios meses después de su invención, ocurrida el 4 de agosto de 1609, se le ocurrió enfocarlo hacia los cuerpos celestes.

Aunque ha habido algunas polémicas acerca de si el invento de Galileo se debió al ensayo y error o si se fundamentó en el conocimiento de la teoría óptica (como señala al principio de su obra, aludiendo a la teoría de las refracciones), está claro que lo primero es más exacto que lo segundo. En primer lugar, porque en su primera carta al dux de Venecia (Apéndice III, 1) no habla de la teoría de la *refracción,* sino de la *perspectiva,* disciplina que durante el siglo XVI varias personas, entre ellas Durero, Commandino o Guidobaldo del Monte, trataron de sistematizar en varios principios, como el de fuga, para deducir de ellos un método gráfico racional. En segundo lugar, porque cuando en *El ensayador* explica su razonamiento la noche del descubrimiento, a fin de mostrar que el suyo no había sido fruto del azar como el del flamenco, la pobreza teórica no puede ser más abrumadora. El hecho de que el día 3 de agosto decida aplicarse al problema «resolviéndolo la primera noche... y construyendo al día siguiente el instrumento», no prueba que poseyese el secreto teórico del comportamiento de la luz en las lentes, sino tan sólo demuestra su agudeza y habilidad. En efecto, he aquí cómo razona Galileo en *El ensayador:* el aparato tiene una lente o tiene dos lentes (?). Si una, ésta tiene que ser bicóncava, biconvexa o biplana (?). Ninguna de estas tres produce los efectos apetecidos; ergo tiene dos. Como la lente biplana no produce ningún efecto, debe descartarse; ergo tiene que constar de las otras dos. Si esto es descubrir mediante razonamientos teóricos, entonces no hay descubrimientos prácticos por ensayo y error, pues todo el mundo opera con un poco de lógica, aunque sea tan falaz como ésta. De hecho, Kepler proyectó otros telescopios (véase más abajo) y en la *Dióptrica* (1611) propuso uno con dos lentes convexas mucho más adecuado para usos astronómicos que el de Galileo. Sin embargo, no se puede dudar de la habilidad de éste para mejorar sucesivamente el poder de sus telescopios, llevándolos en poco menos de medio año prácticamente al límite de sus posibilidades, pasando de 3 a 8, a 20 y a 30 aumentos.

La interpretación de la experiencia

No basta con orientar el telescopio a los cielos para revolucionar la visión clásica del mundo, y tanto Galileo como Kepler son conscientes de ello. Este último alaba en más de una ocasión la «habilidad observacional» de Galileo que le permite, por ejemplo, *ver* el relieve lunar. Por otro lado, el propio Galileo confiesa que la noche del 7 de enero observó *tres estrellas fijas* en torno a Júpiter, viéndose constreñido la noche siguiente a poner en tela de juicio, no su primera observación de estrellas, sino el cálculo astronómico que confería a Júpiter un movimiento retrógrado (véase más adelante la p. 68 y la nota 41). Así, en una carta a Antonio de Médici del 7 de enero de 1610, no habla en absoluto de satélites o estrellas errantes, sino de «que se ven con el anteojo muchas estrellas fijas que sin él no se ven; y esta misma noche he visto a Júpiter acompañado por tres estrellas fijas totalmente invisibles por su pequeñez».... Según muestra el análisis de los manuscritos, hasta el día 15 no interpretó correctamente sus observaciones como correspondientes a astros que circunvalan el cuerpo de Júpiter, lo que indica que ver satélites entraña un proceso más o menos laborioso consistente en encontrar una *hipótesis* que dé sentido a los datos telescópicos. Una vez hallada, Galileo reinterpretó adecuadamente los registros de las observaciones de la semana anterior.

En el proceso de interpretar las experiencias telescópicas se encuentran dos tipos sucesivos de obstáculos. El primero atañe a las dificultades de aceptar como *datos* objetivos las imágenes telescópicas, sobre todo en ausencia de una teoría óptica que explique su relación con fenómenos externos realmente existentes a una ingente distancia. El segundo alude a las dificultades de interpretar esos datos de los sentidos, una vez aceptados como tales y rechazado su carácter de ilusión, como indicadores de determinados *hechos*, en función de teorías interpretativas; algo similar a lo que le ocurre al lego que ve por vez primera una fotografía aérea, planteándosele el problema de identificar los patrones de manchas como detalles del relieve o la vegetación. Ambos tipos de objeciones se le presentaron a Galileo.

Kepler tenía una teoría óptica, por lo que era muy consciente del primer tipo de problemas del telescopio de Galileo. En una carta a un corresponsar anónimo del 18 de diciembre de 1610, señala, por ejemplo, que el aparato galileano distorsiona los objetos, a la vez que propone lentes de curvatura hiperbólica para combatir esa aberración esférica (véase también más abajo, pp. 113 y ss.). Asimismo (*infra,* pp. 133-4) critica la explicación que ofrece Galileo de la disminución del radio estelar producida por el telescopio, achacándola no a la eliminación del resplandor de las estrellas, sino a la eliminación del círculo de confusión provocado en la retina por la dilatación nocturna de la pupila. Una vez más, Kepler y sólo él disponía de una teoría de la visión. Si a todo ello unimos que aún hoy los aficionados pueden encontrar al principio serias dificultades para usar el telescopio, a pesar de las mejoras en los trípodes, montajes y dispositivos ópticos, no es de extrañar que Galileo no lograse hacer ver a Magini y sus hostiles invitados los fenómenos celestes por él descubiertos (véase el Apéndice II, 1). Si el telescopio presenta aberraciones, hace aparecer halos y duplicaciones de las fuentes luminosas, hay razones para dudar en principio de los satélites de Júpiter no menos que de la apariencia tricorpórea de Saturno. No es de extrañar que en un principio el P. Clavio, profesor de matemáticas del Colegio Romano, creyese que los descubrimientos de Galileo eran ilusiones ópticas. Que tanto él como Magini cambiasen luego de opinión torna más meritoria su actitud crítica y su antidogmatismo.

Aunque no admirable, resulta hasta cierto punto entendible la actitud de quienes ni siquiera querían mirar por el telescopio, como el bendito padre Libri (véase el Apéndice II, 2) o Cesare Cremonini, aristotélico, amigo y ex colega de Galileo, quien no sin cierta lógica borgiana señalaba que nunca había mirado por el tubo y que además le daba dolor de cabeza, por lo que no pensaba asomarse a él en el futuro (véase la carta de P. Gualdo a Galileo del 29 de julio de 1611). Muy probablemente el pobre Cremonini había mirado por el telescopio y, viendo las dificultades que se le venían encima para interpretar aquello de acuerdo con el aristotelismo, juzgólas excesivas para sus sesenta años cumplidos y prefirió seguir a lo suyo. Cuando Kepler le pide a Galileo testigos que confirmen sus descubrimientos, éste (carta del 19 de agosto de 1610) le responde: «... te doy las gracias porque eres el primero y casi el único... en aceptar mis afirmaciones», pudiendo aportar en concreto tan sólo los nombres de Cósimo II y Julio de Médicis.

Es claro que la negativa a mirar por el telescopio representa un inveterado dogmatismo cerril, pero no cabe duda de que apunta a las dificultades de aceptar observaciones técnicamente problemáticas, realizadas con un aparato de funcionamiento mal explicado y comprendido, sobre todo cuando dichas observaciones contradicen las más firmes y antiguas concepciones del mundo. Llegamos así al segundo tipo de objeciones, aquéllas de quienes, aceptando los *datos* brutos del telescopio, se niegan a asentir a las interpretaciones copernicanas de Galileo, tratando de acomodarlas a las doctrinas de Aristóteles para las que, recuérdese, aún no existía una alternativa plenamente desarrollada, por más que Galileo estuviese ya entonces trabajando en ella. Que lo que Galileo ofrece como *hechos* directamente observados es el producto de una laboriosa interpretación conjetural es algo a lo que ya aludimos al hablar de los satélites de Júpiter, interpretados inicialmente como estrellas fijas y luego como estrellas móviles, antes de dar con la hipótesis según la cual se trataba de planetas secundarios circulando en torno a Júpiter. Otro tanto se puede decir por lo que respecta al relieve lunar, que por más trivial que nos resulte hoy día, no dejó de exigir de Galileo un proceso discursivo de interpretación de los patrones de manchas como montes, valles y llanuras, al cual asistimos a través de prolongados y convincentes razonamientos al comienzo de su libro (páginas 41-53). Resulta comprensible que quienes se hallaban comprometidos con la cosmología aristotélica más bien que con la copernicana intentasen desesperadamente encontrar otras hipótesis interpretativas, como la de Ludovico delle Colombe, basada en una sugerencia del padre Clavio, según la cual las aparentes manchas lunares correspondían no a montañas y llanuras, sino a zonas de diferente densidad (véase la respuesta de Galileo a esta crítica en el Apéndice II, 4). Que estas hipótesis fracasasen es algo que hay que imputar más a la perfidia de la Luna que se empeña en ser montañosa como la Tierra, que a errores de procedimiento por parte de los aristotélicos, quienes tenían todo el derecho del mundo a no rendirse a la primera. Lo mismo puede decirse de las manchas solares, observadas por los chinos, a quienes el desconocimiento de Aristóteles los libraba de prejuicios, mientras que algunas observaciones de las manchas realizadas durante la Edad Media cristiana fueron sistemáticamente interpretadas como el tránsito de Mercurio o Venus ante el Sol, cosa que también haría Kepler el año anterior a los descubrimientos de Galileo (1609). La diferencia entre los aristotélicos y Kepler es que, siendo éste un científico de altura y no siendo aristotélico, no tuvo dificultad alguna en aceptar el descubrimiento de Galileo tan pronto tuvo noticia de él.

Así pues, la cosmología copernicana suministró a Galileo las hipótesis interpretativas de los datos telescópicos: los montañas de la Luna se establecen mediante un símil con la Tierra, lo que supone no aceptar el carácter etéreo y perfecto de los cuerpos celestes; las manchas solares se comparan asimismo a nubes terrestres y a la combustión lenta de sustancias bituminosas que exhalan vapores densos; las fases de Venus significan convertir este planeta, y con él a todos, en un cuerpo opaco sin luz propia, iluminado por el Sol como la modesta Tierra; los planetas medíceos constituyen un modelo en miniatura del sistema solar, mostrando que un cuerpo puede tener a la vez dos movimientos, con lo que la Luna podía perfectamente orbitar en torno a una Tierra a su vez girando en torno al Sol. El único problema de Galileo fue que sus razones eran demasiado sólidas y que las débiles de sus oponentes se vieron respaldadas por la fuerza policial de la Santa Inquisición. Mas para que el amable lector no incurra en el pesimismo de tener por irracional a la naturaleza humana, acude en su socorro el apoyo incondicional de Kepler, cuya *Conversación* incluimos a continuación del opúsculo de Galileo no sólo por constituir una respuesta al mismo, sino también porque muestra mejor que cualquier explicación la diversidad de carácter, método y estilo de estos dos pilares de la ciencia moderna.

Galileo y Kepler

Ante todo, las divergencias científicas y filosóficas de ambos personajes han de verse contra el trasfondo de su coincidencia en cuanto grandes revolucionadores del saber clásico, ligando inextricablemente y para siempre las matemáticas y la física. Kepler, desde la astronomía; Galileo, desde la filosofía natural. El primero era básicamente un astrónomo que se percató de que las matemáticas no bastaban, debiendo complementarse con el estudio de las causas físicas de los movimientos planetarios: lleva así a los cielos matemáticos la física terrestre. El segundo era básicamente un físico que constató que el estudio del mundo de los elementos materiales, la naturaleza, no podía abordarse sin ayuda de las matemáticas y que como consecuencia de sus descubrimientos de 1610 vio la posibilidad de aplicar la física terrestre a los cielos supuestamente etéreos. Asimismo, ambos rompen el círculo, la curva privilegiada y única de la cosmología tradicional, introduciendo secciones cónicas: Kepler la elipse para las órbitas planetarias y Galileo la parábola para los proyectiles. Ambos introducen en el estudio de la naturaleza novedades matemáticas, Kepler los infinitesimales y Galileo los indivisibles del continuo.

Sin embargo, a pesar de esa coincidencia fundamental en el propósito copernicano y en la fundación de la nueva ciencia físico-matemática, es difícil encontrar dos caracteres científicos y filosóficos más diversos. En Galileo todo es luminoso y claro, pues sus escritos son una muestra de respeto fiel a los datos de los sentidos, tratados y elaborados mediante perspicuas y transparentes argumentaciones matemáticas ceñidas a ellos. Kepler, por su parte, siendo absolutamente respetuoso con los hechos, los envuelve en especulaciones y argumentos no ya matemáticos, sino metafísicos y místicos, transcendiéndolos continuamente mediante una imaginación desbocada e irrefrenable. Si en Galileo todo es luminoso y claro, Kepler se empeña en hurgar los más secretos arcanos y ocultos planes de la construcción del cosmos. Frente a un Kepler excesivo y metafísico, Galileo se nos ofrece comedido y positivo. He aquí algunos ejemplos de lo que se quiere decir, aunque ello es algo que sin duda quedará de sobra claro tras la lectura de las obras que presentamos.

En primer lugar, contrasta la actitud de ambos hacia el problema de las causas del orden y movimientos del cosmos. Mientras que Kepler hace de esa indagación lo más importante, hasta el punto de atropellar toda evidencia empírica en sus especulaciones relativas a la trama armónica del cosmos, Galileo rehúsa explícitamente plantear el problema, ateniéndose al estudio de las leyes que describen el comportamiento de los efectos observables; y sus coqueteos con el orden cosmológico del círculo y otras zarandajas por el estilo que aparecen al comienzo de la primera jornada del *Diálogo* no tienen más función que la retórica de un diálogo polémico y propagandístico.

Un segundo ejemplo nos los suministran sus diferentes reacciones ante la observación lunar. Mientras que Galileo se limita a interpretar con ayuda de esquemas geométricos precisos las manchas lunares como indicadores del relieve, Kepler salta inmediatamente más allá a imaginar selenitas, a conjeturar cuál sea su constitución corporal e incluso a explicarnos sus planes urbanísticos. Mientras que Galileo se limita a observar los satélites de Júpiter y a establecer sus períodos, Kepler se lanza en tromba a demostrar la existencia de alienígenas joviales por la maravillosa razón de que de lo contrario nadie habría para contemplar a simple vista los satélites, lo que los haría ociosos y absurdos. Incluso vaticina viajes espaciales, y en su póstumamente publicado *Sueño* nos ofrece una genuina obra de ciencia ficción.

En tercer lugar, la actitud de ambos hacia la astrología resulta también reveladora. Kepler, que era hijo de una bruja escapada por los pelos de la hoguera y él mismo extraordinario confeccionador de horóscopos y predictor de todo tipo de calamidades cabalmente cumplidas, era un astrólogo convencido al que se verá más abajo tomarse muy en serio la vindicación de esta fallida ciencia, salvándola del ridículo en que la había arrojado el descubrimiento de los satélites medíceos, pues al ignorarlos, todos los horóscopos anteriores se habían construido sobre bases insatisfactorias. Aunque Galileo hizo un horóscopo en alguna ocasión, su actitud hacia la influencia de los astros sobre los asuntos terrenos no parece llevarlo a aceptar más allá de las mareas, los fenómenos meteorológicos, las estaciones y otros avatares físicos muy poco misteriosos u ocultos (véase el Apéndice II, 3). No es casual que cuando en la primavera de 1610 andaba maniobrando para encontrar un puesto en Florencia, escribiese al Secretario de Estado de Cósimo, Vinta, expresando su deseo de recibir el título de «matemático» y de «filósofo», y no el de astrónomo, como era corriente en las cortes de Europa. La razón de ello puede estribar en que lo que se recababa básicamente de los astrónomos, como era el caso de Kepler, era la confección de horóscopos y vaticinios, siendo las observaciones y cálculos propiamente científicos una tarea marginal. Lo mismo puede verse a través de las explicaciones que uno y otro dan de las mareas. Kepler pensaba que se debían al influjo atractivo de la Luna, una versión nueva de una vieja superstición que iba ahora camino de convertirse en explicación científica gracias a la atracción universal newtoniana. Galileo «reprochará respetuosamente» a Kepler sus ideas al respecto en la cuarta jornada del *Diálogo* por cuanto que recurría a acciones a distancia y «simpatías» místicas entre cuerpos «emparentados», a las que oponía sus ilustradas e inteligibles explicaciones mecánicas en términos del doble movimiento de la Tierra. (Quién se acercó más a la verdad es algo que no hace ahora al caso.)

Concordemente con estas actitudes tan dispares, el estilo literario de ambos es fiel reflejo de sus almas. La comunicación escueta, elegante y diáfana de Galileo, su transparente exposición de las experiencias sensibles y su ceñida argumentación geométrica contrastan notablemente con el estilo farragoso del alemán, cuyo latín resulta bárbaro y rudo en comparación con la facilidad y brillo de la prosa del otro. En consonancia con la filosofía mística y retorcida de Kepler, su estilo es errático, lleno de digresiones y desbordante de ideas creativas que es incapaz de contener. Mientras que el arte de escribir de Galileo se adapta a su decisión de ceñir las argumentaciones a los hechos, haciéndose más o menos técnico y escueto, más o menos cortesano y conversador de acuerdo con los fines que se trae entre manos, el de Kepler escapa continuamente, como sus ideas, a su control, concordando con su actitud de apoyarse en datos escasos y en todo caso insuficientes para lanzarse a las más libres asociaciones de ideas, especulando mucho más allá de lo permitido por los elementos de juicio disponibles. Las predicciones conjeturales de Galileo son pocas y fundamentadas, mientras que las de Kepler son legión y normalmente locas.

Ambos eran conscientes del carácter intelectual del otro, con el que expresan cortésmente su desacuerdo. Poco después de la muerte de Kepler, Galileo escribe a Fulgencio Micanzio confesando haber «pensado siempre que Kepler poseía una inteligencia sutil y libre (aunque tal vez demasiado libre), siendo mi manera de filosofar muy otra que la suya». Por su lado, Kepler dejó bastante clara, aunque sin faltar al buen tono, la opinión que le merecía el proceder de Galileo: útil y esforzado, pero romo. En las páginas 138 y siguiente, más adelante, pone a quienes se interesan por las *causas* de las cosas, por los *planes armónicos* en la creación del cosmos, muy por encima de las ciegas hormigas que como Galileo y el propio Copérnico se limitan a *describir* los fenómenos que encuentran a su paso. De esta manera él, Kepler, participa de algún modo de la naturaleza divina, pues al descubrir los planos matemáticos con los que el Artífice creó el mundo, se adelanta a los hechos y los predice; los demás, empero, derivan perdidos por un laberinto levantando acta de sillares y corredores sin comprender el plan global. Así, este miope inhábil y desmadejado dio con la razón del telescopio antes de que Galileo lo construyese y descubriese con él un mundo sideral cuyas armonías más íntimas basadas en los sólidos regulares de Platón ya había desentrañado Kepler en el *Misterio cosmográfico*.

Es hora ya de que el lector compruebe estas cosas por sí mismo entregándose a la lectura de los textos, reparando por cuán diversos medios y a través de qué diferentes talantes avanza la ciencia y cómo la verdad, teñida de prejuicios varios y empapada de conjeturas inciertas, labra su inseguro y nunca acabado camino. De modo que no sabemos si admirar más la claridad e ilustración galileana, la solidez de sus descubrimientos y la coherencia de sus geometrizaciones, o las salvajes especulaciones y anticipaciones de Kepler capaces de producir, en medio de grandes locuras y errores, joyas como la ley de las órbitas elípticas o la ley armónica que conecta las distancias y los períodos planetarios. Vistas las cosas retrospectivamente desde la síntesis newtoniana que lleva a cabal acabamiento los ideales de una física matemática celeste y terrestre, ambos, aunque sobre todo Kepler, contribuyeron con descubrimientos fundamentales sin los que dicha síntesis no hubiera podido realizarse.

No es fácil evaluar lo que cualquier estudioso de Galileo debe a Stillman Drake. A mi amigo y colega Alberto Elena se debe que esta obra no contenga aún más errores. Mientras que la profesora Soto contribuyó a mejorar este libro con comentarios displicentes aunque útiles, mi hija Violeta se mostró entusiasmada con los dibujos de la Luna y con los mensajes cifrados de Galileo, así que a ellas les brindo mis esfuerzos.

Carlos SOLÍS SANTOS

2. Galileo: *La gaceta sideral*

Nota sobre la traducción

La presente traducción se hizo a partir del texto de Galileo editado por A. Favaro, *Opere,* vol. III, parte primera, pp. 54-96. El título original del libro, escrito en latín, es *Sidereus nuncius,* siendo víctima de un largo malentendido. La palabra *nuncius* tiene en latín el doble sentido de «mensaje» y de «mensajero». Los contemporáneos de Galileo lo interpretaron en este segundo sentido, como es el caso de Kepler, quien supuso que se trataba de un mensajero con el que se podía conversar. Incluso hubo un jesuita que tuvo a bien criticar la petulancia de Galileo al presentarse como un embajador de los cielos. Se inició así la larga tradición que dura hasta nuestros días, con la que decide conscientemente contemporizar incluso un estudioso de la talla de Stillman Drake (véase su *Discoveries and opinions of Galileo,* Nueva York, Doubleday Anchor Books, 1957, especialmente la p. 19, donde justifica acomodarse a una tradición equivocada, traduciendo una amplia selección del libro de Galileo bajo el título de *El mensajero de las estrellas).* Sin embargo, cuando Galileo menciona en italiano su propia obra, como hace en sus cartas sobre las manchas solares, traduce el título al italiano como *Avviso sidereo* (y no *avvisatore* o algo por el estilo). Además, en una nota escrita al margen en su ejemplar del libro, señaló que *nuncius* podía significar también «mensaje», siendo ése el sentido por él empleado.

Con todo, hemos decidido aquí romper drásticamente con la tradición, vertiendo el título como *La gaceta sideral.* Aunque no hay ningún elemento de juicio que avale tal decisión, no es totalmente arbitraria. En efecto, *avviso,* además de noticia o anuncio, significa también noticiario o gaceta. Precisamente a mediados del siglo XVI se llama *Avviso* a un periódico manuscrito de unos cuantos pliegos que enviaban sus autores dando cuenta de diversas nuevas recogidas en distintos párrafos. A comienzos del XVII, cuando escribe Galileo, aparecen las primeras formas impresas de esos periódicos, antecesores de nuestros diarios. Cualquiera que eche un vistazo a la primera página se dará cuenta del carácter de noticiario que tiene este escrito en el que Galileo proclama a todos sus nuevas astronómicas. Así pues, *La gaceta sideral.*

La obra original carece de separaciones en párrafos o capítulos, razón por la cual nos hemos atrevido a introducirlas nosotros para facilitar la localización de los temas y la lectura veloz. También hemos cometido el anacronismo de comparar los dibujos de Galileo con fotografías actuales de la Luna, interrumpiendo así de algún modo el escrito original.

SIDEREVS NVNCIVS

MAGNA, LONGEQVE ADMIRABILIA
Spectacula pandens, suspiciendaque proponens
vnicuique, præsertim verò
PHILOSOPHIS, atq; ASTRONOMIS, quæ à
GALILEO GALILEO
PATRITIO FLORENTINO
Patauini Gymnasij Publico Mathematico
PERSPICILLI
Nuper à se reperti beneficio sunt obseruata in LVNÆ FACIE, FIXIS INNVMERIS, LACTEO CIRCVLO, STELLIS NEBVLOSIS,
Apprime verò in
QVATVOR PLANETIS
Circa IOVIS Stellam disparibus interuallis, atque periodis, celeritate mirabili circumuolutis; quos, nemini in hanc vsque diem cognitos, nouissimè Author depræhendit primus; atque
MEDICEA SIDERA
NVNCVPANDOS DECREVIT.

VENETIIS, Apud Thomam Baglionum. M DC X.

Superiorum Permissu, & Priuilegio.

LA GACETA SIDERAL

que muestra GRANDES Y MUY ADMIRABLES maravillas e invita a contemplarlas a todos, aunque en especial a los *Filósofos* y *Astrónomos,* las cuales

GALILEO GALILEI

PATRICIO FLORENTINO

y matemático oficial de la Universidad paduana, mediante el

ANTEOJO

poco ha por él descubierto, ha observado en la *faz de la Luna, en innumerables fijas, en la Vía Láctea, en las estrellas nebulosas,* aunque sobre todo en

CUATRO PLANETAS

que giran con admirable rapidez en torno a la estrella de *Júpiter* con desiguales intervalos y períodos, de los que nadie supo hasta este día y que hace poco observó por vez primera el autor, decidiendo llamarlos

ASTROS MEDICEOS

Venecia: Tomás Baglione, 1610

Con permiso y privilegio de la superioridad

Al Serenísimo
Cosme II de Médicis
IV Gran Duque de Toscana

En verdad preclara y plena de humanidad fue la determinación de quienes se esforzaron por defender de la envidia las egregias hazañas de los hombres de excelso valor, protegiendo del olvido y la destrucción sus nombres dignos de inmortalidad. De ahí las imágenes transmitidas a la memoria de la posteridad, ora esculpidas en mármol, ora representadas en bronce; de ahí las estatuas erigidas ya en pie, ya a caballo; de ahí las columnas y pirámides levantadas hasta las estrellas, como alguien dijo[1]*, a un precio astronómico; de ahí, en fin, las ciudades edificadas y señaladas con los nombres de aquéllos que la posteridad agradecida consideró dignos de consagrar a la eternidad. Tal es, en efecto, la condición de la mente humana, de la que fácilmente huye la memoria a menos que se vea apremiada por las asiduas imágenes de las cosas que desde fuera irrumpen en ella.*

Otros, en verdad, considerando lo más firme y dura-

[1] Propercio, *Elegías*, libro III, 2, 17: «*Nam neque pyramidum sumptus ad sidera ducti.*»

dero, consagraron la eterna prez de los hombres sumos no a las piedras o a los metales, sino al cuidado de las Musas y de los incorruptibles monumentos literarios. Mas a quién habré de recordar estas cosas, como si el ingenio humano, satisfecho con estas regiones, no osase avanzar más allá, siendo así que, dirigiendo la mirada más lejos y comprendiendo plenamente que todos los monumentos humanos sucumben ante la fuerza del paso del tiempo y de la decrepitud, inventó representaciones más incorruptibles sobre las que el voraz tiempo y la envidiosa vejez no reclaman derecho alguno. Volviéndose así hacia el cielo, asignó a aquellos notorios orbes eternos de las esplendentes estrellas los nombres de quienes por sus hazañas egregias y cuasidivinas se tuvieron por dignos de gozar junto con los astros de una vida sempiterna. Por este motivo, la fama de Júpiter, Marte, Mercurio, Hércules y demás héroes con cuyos nombres se designan las estrellas no se oscurecerá antes de que se extinga el brillo de las estrellas mismas. Con todo, este hallazgo de la humana sagacidad, admirable y noble entre los primeros, tras el paso de muchos siglos se ha extinguido, ocupando y teniendo como por derecho propio aquellas sedes los antiguos héroes, a cuyas huestes en vano la piedad de Augusto trató de unir a Julio César, pues como quisiese bautizar con el nombre de Astro Julio a una estrella nacida en su época, de aquéllas que los griegos llaman cometas y los nuestros, cabelleras[2]*, al desvanecerse ésta al poco tiempo, frustró la esperanza de tan grande anhelo. Mas hete aquí, Serenísimo Príncipe, que podemos augurar algo mucho más verdadero y feliz a Vuestra Alteza, pues apenas han comenzado a resplandecer en la Tierra tus magnificencias, aparecieron en el cielos unas estrellas brillantes*[3] *que cual lenguas expresarán y celebrarán en todo tiempo tus nobilísimas*

---

2 Cometa se dice en latín *crinita stella,* estrella con cabellera.

3 Los satélites de Júpiter. La palabra 'estrella', como 'astro', se aplica a cualesquiera cuerpos celestes. Galileo descubrió cuatro de los doce satélites de Júpiter: Io, Europa, Ganimedes y Calixto, y aunque los bautizó «astros medíceos», pronto se conocieron como galileanos.

virtudes. He aquí, pues, cuatro estrellas reservadas a tu ínclito nombre, y no del número gregario y menos insigne de las inerrantes, sino del ilustre orden las vagantes[4], *las cuales con movimientos entre sí dispares realizan sus cursos y órbitas en torno a la estrella Júpiter, la más noble de todas, a modo de su natural progenie, a la vez que todas juntas realizan en doce años, con unánime acuerdo, grandes revoluciones en torno al centro del mundo, esto es, en torno al mismo Sol*[5]. *El propio Artífice de las estrellas parece advertirme con claros argumentos que destine al ínclito nombre de Vuestra Alteza, antes que a ningún otro, estos nuevos planetas. Así pues, del mismo modo que estas estrellas, cual digna prole de Júpiter, no se apartan de su lado más que un exiguo intervalo, ¿quién ignora que la clemencia, la bondad de espíritu, la gentileza de la conducta, el esplendor de la sangre real, la majestad de los actos, la magnitud de la autoridad y dominio sobre los demás, cosas todas ellas que han hecho de Vuestra Alteza su sede y habitáculo, quién, pregunto, ignora que todo ello emana del muy benigno astro de Júpiter, fuente después de Dios de todos los bienes? Júpiter, Júpiter digo, desde el primer momento del orto de Vuestra Alteza, ya superados los turbios vapores del horizonte y ocupando el centro de la cúspide del cielo, iluminando el extremo oriental con su realeza, contempla desde ese sublime trono el felicísimo parto difundiendo todo su esplendor y magnificencia por el aire purísimo a fin de que el tierno cuerpecillo junto con el alma, ya por Dios adornada con los más nobles atributos, apure con el primer aliento aquella potestad y fuerza universal. En realidad, ¿por qué recurro a argumentaciones probables, pudiendo concluir*

---

[4] Las «estrellas» se clasifican en esta época en estrellas fijas o interrantes (nuestras estrellas) que no cambian sus posiciones relativas, y estrellas errantes o vagantes (nuestros satélites y planetas) que se mueven contra el trasfondo siempre igual de las fijas.

[5] Se trata de la primera declaración pública de heliocentrismo por parte de Galileo; más adelante se producirá la primera de copernicanismo: p. 89.

y demostrar eso mismo con una razón casi necesaria? Quiso Dios Optimo Máximo que tus serenísimos padres no me considerasen indigno de entregarme a instruir a Vuestra Alteza en las disciplinas matemáticas, cosa que ciertamente cumplí en los cuatro últimos años recientemente transcurridos, en esa época del año en la que se usa descansar de los estudios más graves. Por lo cual, habiéndome correspondido claramente por deseo divino servir a Vuestra Alteza, recibiendo de cerca los rayos de tu increíble clemencia y benignidad, ¿qué hay de asombroso en que mi ánimo tanto se inflamase que día y noche no pensase casi en otra cosa que en la manera de hacerte saber cuánto anhelo tu gloria y cuán agradecido te estoy, yo que me hallo bajo tu dominio no sólo por voluntad, sino también por nacimiento y naturaleza? Así las cosas, afortunado COSME Serenísimo, habiendo explorado yo estas estrellas desconocidas de todos los astrónomos anteriores, con todo derecho determiné asignarles el nombre augustísimo de tu estirpe. ¿Por qué, si fui el primero en observarlas, me habría de disputar alguien el derecho de imponerles incluso un nombre, llamándolas ASTROS MEDICEOS[6]*, confiando en que gracias a esta denominación reciban esas estrellas tanta dignidad cuanta confirieron las otras a los demás héroes? Pues, sin necesidad de hablar de vuestros Serenísimos mayores, cuya gloria sempiterna atestiguan los monumentos de todas las historias, tu sola virtud, Máximo Héroe, puede otorgar la inmortalidad del nombre a dichos astros. ¿Quién, pues, podrá dudar que por grande que sea la esperanza que concitaste con los felicísimos inicios de tu imperio, no sólo la habrás de mantener y defender, sino que incluso la habrás de superar con creces? De este modo, cuando venzas a tus semejantes e incluso rivalices contigo mismo, de día en día superarás cada vez más a ti mismo y a tu grandeza.*

---

6 En un principio pensó en llamarlos astros cósmicos (no de «cosmos», sino de «Cosme» de Médicis), pero finalmente se los dedicó a toda la familia, siguiendo el consejo de B. Vinta, que consideraba ambigua aquella denominación.

Recibe, pues, Príncipe Clementísimo, esta gloria gentilicia a ti reservada por los astros y goza largamente de esos dones divinos que te ha otorgado, no ya las estrellas, sino Dios, el Artífice y Dominador de las estrellas.

Padua, 12 de marzo de 1610,

de Vuestra Alteza

Devotísimo servidor,
Galileo Galilei

Los Excelentísimos Señores Jefes del Ilmo. Cons. de los X abajo firmantes, habida fe de los Señores Reformadores de la Universidad de Padua, por relación de sus dos diputados, esto es, del Rev. P. Inquisidor y del circunspecto Secretario del Senado, Gio. Maraviglia, con juramento, como en el libro intitulado: SIDEREUS NUNCIUS, etc., de D. Galileo Galilei, no se halla cosa alguna contraria a la Santa Fe Católica, a los principios y buenas costumbres, siendo digno de imprimirse, conceden licencia para que pueda editarse en esta ciudad.

El día primero de Marzo de 1610.

D. M. Ant. Valaresso
D. Nicolò Bon
D. Luñardo Marcello
} Jefes del Ilmo. Cons. de los X.

Bartolomé Comino, Secretario del Ilustrísimo Consejo de los X.

1610, a 8 de marzo, Registr. en el libro, leg. 39.

Juan Bautista Breatto of.
Con. Blasph. Coad.

Gaceta Astronómica[7]

que contiene y expone recientes observaciones realizadas por medio de un nuevo anteojo en la faz de la Luna, en la Vía Láctea, en las estrellas nebulosas y en innumerables fijas, así como también en cuatro planetas nunca vistos hasta ahora, bautizados con el nombre de *astros medíceos*

Grandes sin duda son las cosas que en este breve tratado propongo a la contemplación de los estudiosos de la naturaleza. Grandes, digo, sea por la excelencia de la materia misma, sea por su inaudita novedad, sea, en fin, por el instrumento en virtud del cual esas cosas se han desvelado a nuestros sentidos.

Enumeración de los descubrimientos

Grande cosa es sin duda añadir a la numerosa multitud de las estrellas fijas que hasta nuestros días se han podido observar con la facultad natural otras innumerables nunca vistas con anterioridad, exponiéndolas patentemente ante los ojos en un número más de diez veces superior al de las antiguas ya conocidas[8].

---

7 Este título *(Astronomicus nuncius)* fue luego sustituido por el actual y definitivo de *Sidereus nuncius*.

8 Unas 1.000 fueron aquéllas cuya posición catalogó Tycho Brahe, el do de pecho de la astronomía de observación sin telescopio.

Bellísima cosa es y sobremanera agradable a la vista, poder contemplar el cuerpo lunar, apartado de nosotros casi sesenta diámetros terrestres, tan próximo como si se hallase tan sólo a dos de tales medidas, de manera que su diámetro aparezca casi treinta veces mayor, la superficie casi novecientas y el volumen, por tanto, aproximadamente veintisiete mil veces mayor que cuando se observa sólo a simple vista [9]. Gracias a ello, cualquiera puede saber con la certeza de los sentidos que la Luna no se halla cubierta por una superficie lisa y pulida, sino áspera y desigual, y que, a la manera de la faz de la Tierra, hállase recubierta por doquier de ingentes prominencias, profundas oquedades y anfractuosidades.

Otrosí, haber puesto fin a las disputas atinentes a la Galaxia o Vía Láctea, descubriendo a los sentidos y no ya al intelecto su esencia, no creo que haya de tenerse por cosa baladí. Asimismo bellísimo y grato será demostrar ostensiblemente que la naturaleza de aquellas estrellas que hasta el presente los astrónomos han denominado Nebulosas es muy otra de lo que hasta ahora se ha pensado.

Mas lo que supera con mucho todo lo imaginable y que principalmente nos ha movido a llamar a la vez la atención de astrónomos y filósofos, es precisamente haber descubierto cuatro estrellas errantes que nadie antes que nosotros ha conocido ni observado, las cuales, a semejanza de Venus y Mercurio en torno al Sol, presentan sus propios períodos en torno a una estrella insigne que se cuenta entre las conocidas, ora precediéndola, ora siguiéndola, no alejándose jamás de ella fuera de ciertos límtes. Cosas todas ellas por mí observadas y descubiertas no ha

---

[9] El ángulo a bajo el que se ve el radio lunar a una distancia de 60 radios terrestres se obtiene de tg $a = 1/60$ ($a = 0{,}95$), y a distancia de 2, tg $a' = \frac{1}{2}$ ($a' = 26{,}5$), de manera que la razón entre los ángulos (correspondientes a los diámetros aparentes) es casi 30. Como las superficies son como r^2, su razón es $30^2/1^2 = 900$; y como los volúmenes son como r^3, su razón es $30^3/1^3 = 27.000$.

muchos días, mediante un anteojo [10] de mi invención, previamente iluminado por la divina gracia.

Invención y características del telescopio

Otras cosas tal vez más importantes serán descubiertas con el tiempo por mí o por otros con ayuda de un instrumento similar, cuya forma y diseño, así como las circunstancias de su invención, recordaré primero con brevedad, para dar luego cuenta de la historia de las observaciones que he realizado.

Cerca de diez meses hace ya que llegó a nuestros oídos la noticia de que cierto belga [11] había fabricado un anteojo mediante el que los objetos visibles muy alejados del ojo del observador se discernían claramente como si se hallasen próximos. Sobre dicho efecto, en verdad admirable, contábanse algunas experiencias a las que algunos daban fe, mientras que otros las negaban. Este extremo me fue confirmado poco días después en una carta de un noble galo, Jacobo Badovere [12], de París, lo que constituyó el motivo que me indujo a aplicarme por entero a la búsqueda de las razones, no menos que a la elaboración de los medios por los que pudiera alcanzar la invención de un instrumento semejante, lo que conseguí poco después basándome en la doctrina de las refracciones [13]. Y, ante

[10] El anteojo astronómico no se llamó 'telescopio' hasta el 14 de abril de 1611. El nombre fue sugerido por el filólogo Demisani en una cena organizada para celebrar los descubrimientos de Galileo por Federico Cesi, inspirador de la Academia de los Linces, en la que sería admitido Galileo el día 25.

[11] El flamenco (en esta época se decía indistintamente 'holandés', 'belga' o 'bátavo') Hans Lipperhey, quien había obtenido una patente por su invención de un telescopio, por más que ya se hubiese hecho uno en Holanda en 1604, siguiendo el modelo de otro italiano de 1590, ambos prácticamente desconocidos.

[12] Jacques Badovere o Badoer (1570-1610?) es un personaje mal conocido. Fue discípulo de Galileo en Padua en 1598, obteniendo luego un puesto diplomático en Francia. Se ha perdido su correspondencia con Galileo.

[13] Los conocimientos de óptica de Galileo y sus contemporáneos eran insuficientes para explicar el funcionamiento del telescopio, proyectando exactamente su construcción, por lo que el de

todo, me procuré un tubo de plomo a cuyos extremos adapté dos lentes de vidrio, ambas planas por una cara, mientras que por la otra eran convexa la una y cóncava la otra [14]. Acercando luego el ojo a la cóncava, vi los objetos bastante grandes y próximos, ya que aparecían tres veces más cercanos y nueve veces mayores que cuando se contemplaban con la sola visión natural. Más tarde me hice otro más exacto que representaba los objetos más de sesenta veces mayores. Por último, no ahorrando en gastos ni fatigas, conseguí fabricar un instrumento tan excelente que las cosas con él vistas parecen casi mil veces mayores y más de treinta veces más próximas que si se observasen con la sola facultad natural. Sería ocioso enumerar la cantidad e importancia de las ventajas de dicho instrumento tanto en los asuntos terrestres como en los marítimos [15]. Mas, desestimando las cosas terrenales, me entregué a la contemplación de las celestes, observando primero la Luna tan de cerca cual si se hallase a una distancia de apenas dos semidiámetros terrestres. Después de ella, observé repetidamente las estrellas, tanto fijas como errantes, con increíble deleite de mi ánimo, y viendo tanta abundancia de ellas, comencé a pensar en el método con que poder medir sus distancias, hallándolo al fin, por lo que cumple informar del mismo a cuantos deseen emprender observaciones de tal naturaleza. Para ello es pre-

---

Galileo se debe en cierta medida al ensayo y error del hábil experimentador. Los fundamentos teóricos los había desarrollado Kepler (sin que Galileo se enterase de ello) en sus *Añadidos a Vitelo* de 1604, aplicándolos específicamente al telescopio en la *Dióptrica* de 1611.

[14] Para los antecedentes en Porta, véase la *Conversación con el mensajero sideral* de Kepler, más abajo, pp. 107 y ss.

[15] Las primeras aplicaciones del telescopio que consideró Galileo fueron bélicas. Incluso después de descubrir los satélites de Júpiter siguió pensando en posibles aplicaciones prácticas, ocurriéndosele usarlo para la determinación de la longitud en el mar, calculando la diferencia existente entre la hora local y la hora general marcada por las posiciones de los satélites (ya que a cada hora corresponden 15° de círculo, que sobre el ecuador representan unos 1.670 Km.). Véase más adelante el Apéndice III, §§ 2 y 3.

ciso ante todo que se procuren un anteojo muy exacto que represente los objetos claros, distintos y libres de todo velo, aumentándolos por lo menos cuatrocientas veces, en cuyo caso los hará aparecer veinte veces más próximos. Si el instrumento no ofreciera tales características, en vano se pretenderá observar todas aquellas cosas que nosotros hemos visto en el cielo y que más adelante enumeraremos. A fin de establecer con facilidad el aumento del aparato, se dibujarán los contornos de dos círculos o cuadrados de papel, uno de los cuales sea cuatrocientas veces mayor que el otro, lo que ocurrirá cuando el diámetro del mayor sea veinte veces mayor que el del otro. A continuación, se miran desde lejos simultáneamente ambas superficies clavadas en la misma pared, observando la menor con un ojo aplicado al anteojo y la mayor con el otro ojo libre, cosa que se puede hacer perfectamente a la vez manteniendo abiertos ambos ojos. En estas circunstancias, ambas figuras parecerán del mismo tamaño si el aparato multiplica los objetos según la deseada proporción. Una vez preparado un instrumento semejante, deberá buscarse el modo de medir las distancias, cosa que se conseguirá con el siguiente artificio. Para que más fácilmente se comprenda, sea, pues, ABCD el tubo, hallándose en E el ojo del observador. Si el tubo no tuviese lentes, los rayos se dirigirían al objeto FG siguiendo las líneas rectas ECF, EDG; mas, al colocar las lentes, procederán según las líneas refractadas ECH, EDI. Así pues, se aproximan, por lo que los que antes se dirigían libres al objeto FG, sólo abarcan la parte HI. Estableciendo luego la relación entre la distancia EH y la línea HI, se hallará mediante la tabla de los senos la magnitud del ángulo que forma en el ojo el objeto HI, comprobando que sólo mide unos pocos minutos. Si adaptamos ahora a la lente CD unas láminas perforadas, unas con agujeros

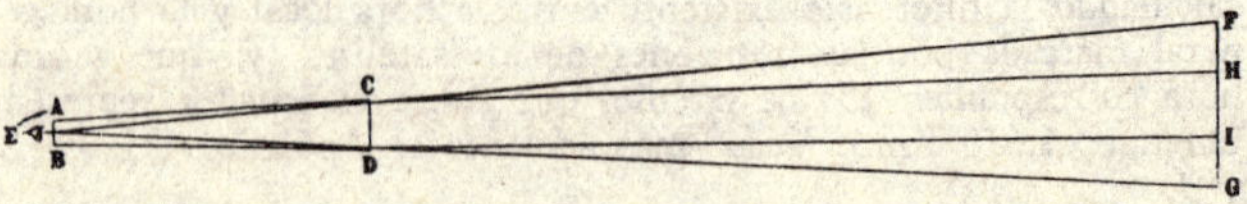

mayores y otras con agujeros menores, al superponer una u otra según de lo que se trate, formaremos a voluntad ángulos distintos que subtienden más o menos minutos, por medio de los cuales nos será posible medir cómodamente, con un error de uno o dos minutos, los intervalos de las estrellas que distan entre sí algunos minutos. Baste por el momento con catar tan ligeramente y con libar con la punta de los labios estas cosas, pues en otra ocasión haremos pública la teoría completa de dicho instrumento [16]. Expongamos ahora las observaciones por nosotros realizadas en los últimos meses, invitando a todos los amantes de la verdadera filosofía a la contemplación de grandes cosas.

El relieve lunar

Comencemos, pues, hablando de la faz lunar que hacia nosotros mira, la cual divido para facilitar la comprensión en dos partes, la más clara y la más oscura. La más clara parece rodear e invadir todo el hemisferio, mientras que la más oscura empaña como una nube la misma faz, llenándola de manchas. Ahora bien, estas manchas un tanto oscuras y bastante extensas son por todos visibles, habiendo sido observadas en todas las épocas, razón por la cual las denominaremos grandes o antiguas, a diferencia de otras manchas de menor extensión, aunque tan numerosas que recubren toda la superficie lunar, especialmente la parte más luminosa. Ciertamente, nunca nadie las observó antes que nosotros, por lo que de la tantas veces repetida inspección de las mismas hemos derivado la opinión, que tenemos por firme, de que la superficie de la Luna y de los demás cuerpos celestes no es de hecho lisa, uniforme y de esfericidad exactísima, tal y como ha enseñado de ésta y de otros cuerpos celestes una numerosa cohorte de filósofos [17], sino que, por el contrario,

---

[16] Esta promesa no la cumplió Galileo, sino Kepler; véase la nota 13.

[17] La cosmología aristotélica, vigente hasta que la destruyó Galileo, sostenía que los cuerpos celestes eran perfectos e inmuta-

es desigual, escabrosa y llena de cavidades y prominencias, no de otro modo que la propia faz de la Tierra, que presenta aquí y allá las crestas de las montañas y los abismos de los valles. He aquí las apariencias a partir de las cuales he podido inferir tales cosas [18].

Al cuarto o quinto día tras la conjunción [19], cuando la Luna se nos muestra con los resplandecientes cuernos, ya el límite que divide la parte oscura de la luminosa no se extiende uniformemente según una línea oval, tal y como habría de ocurrir en un sólido perfectamente esférico, sino que se halla trazado por una línea desigual, áspera y notablemente sinuosa, tal y como muestra la siguiente figura:

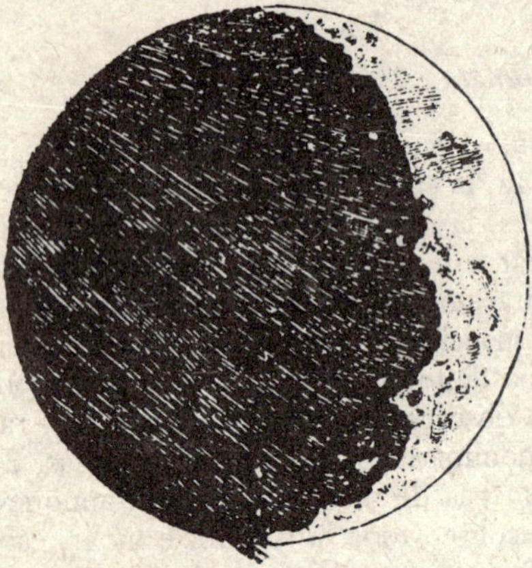

bles, estando hechos de una materia especial: el éter. Por el contrario, la Tierra y cuanto la rodea en el centro del mundo era imperfecto y mudable al estar formado por cuatro elementos: agua, aire, fuego y tierra. La semejanza observada entre Luna y Tierra es el primer argumento positivo contra esta doctrina clásica.

18 Galileo, que tenía en la mayor estima las pruebas empíricas, es consciente de que toda observación exige una interpretación teórica y que los hechos por sí solos no dicen nada directamente, siendo el resultado de una inferencia a partir de las apariencias de los sentidos.

19 Se produce una conjunción cuando un astro se encuentra hacia la misma dirección que otro; en este caso, se trata de la conjunción de la Luna con el Sol o Luna nueva.

Más allá de los confines de la luz y las tinieblas, se extienden en la parte oscura muchas a modo de excrecencias luminosas y, por el contrario, se adentran en la luz pequeñas partes oscuras. Asimismo, una gran cantidad de pequeñas manchas negruzcas completamente separadas de la parte oscura se extienden casi por toda la zona ya iluminada por el Sol, exceptuando tan sólo aquella parte afectada por las manchas grandes y antiguas. Observamos luego que las mencionadas manchas pequeñas convienen todas ellas en lo siguiente, en presentar la parte negruzca vuelta hacia el lugar en que se halla el Sol, si bien por la parte opuesta al Sol aparecen coronadas de contornos muy luminosos cual montañas refulgentes. Ahora bien, precisamente tenemos una situación completamente similar en la Tierra a la salida del Sol cuando, aún no inundados los valles de luz, vemos con todo que los montes que los circundan por la parte opuesta al Sol están ya todos resplandecientes y refulgentes. Y a la manera en que las sombras de las cavidades terrestres disminuyen a medida que el Sol se alza, así también estas manchas lunares pierden sus sombras a medida que aumenta la parte luminosa.

Mas ocurre también que no sólo los confines entre las tinieblas y la luz se ven desiguales y sinuosos en la Luna, sino que además, lo que representa una mayor maravilla, en la parte tenebrosa de la Luna aparecen innumerables puntos luminosos completamente separados y desgajados de la región iluminada, alejándose de ella un intervalo no pequeño. Estos puntos, poco a poco y transcurrido un cierto tiempo, aumentan de tamaño y de luz, uniéndose después, al cabo de dos o tres horas, a la restante parte iluminada que se ha tornado mayor. Pero, entretanto, más y más cúspides, cual si brotasen aquí y allí, se encienden en la parte tenebrosa, crecen y terminan también por unirse a la misma superficie luminosa que se ha ido dilatando cada vez más. La misma figura nos muestra un ejemplo de ello. ¿Acaso no ocurre lo mismo en la Tierra, donde antes de la salida del Sol las más altas cimas de los montes se hallan iluminadas por los rayos solares, mientras que la sombra ocupa aún las llanuras? ¿Acaso al cabo de un tiempo no se va dilatando aquella luz a medida que se iluminan las partes medias y más amplias de esos mismos montes y, una vez que el Sol ha salido, no terminan por unirse las partes iluminadas de llanuras y colinas? La variedad de tales elevaciones y cavidades de la Luna parece superar en todos los sentidos la aspereza de la superficie terrestre, como más adelante demostraremos. Entretanto, no dejaré de mencionar una cosa digna de reflexión por mí observada cuando la Luna se dirigía a la primera cuadratura [20], tal y como se muestra en el dibujo de más arriba, cual es que en la parte luminosa se adentra un gran seno oscuro situado hacia el cuerno inferior, en el cual, después de haberlo observado durante mucho tiempo, viéndolo completamente oscuro, finalmente, tras casi dos horas, comenzó a despuntar un poco por debajo del centro de la cavidad una especie de vértice luminoso. Al crecer paulatinamente, presentaba una figura triangular que se mantenía aún completamente desgajada y separada de la faz luminosa. Al cabo de un rato comenzaron a brillar en torno a él otras tres pequeñas puntas hasta que, cuando ya la Luna se dirigía hacia el ocaso, aquella figura triangular, tornándose ya más amplia y extensa, uníase con la restante parte luminosa y a modo de gran promontorio irrumpía en aquel seno tenebroso, aunque siempre rodeada por los tres vértices luminosos mencionados. Además, en el extremo de los cuernos superior e inferior emergían algunos puntos brillantes completamente separados de la restante luz, como se ve dibujado en la misma figura. Había asimismo una gran cantidad de manchas oscuras en uno y otro cuerno, aunque más en el inferior, apareciendo mayores o más oscuras aquéllas que se hallan más próximas al límite entre la luz y las tinieblas y menos oscuras y más desvaídas, por el contrario, las más lejanas. No obstante, tal y como hemos advertido más

---

[20] La cuadratura se da cuando un astro se encuentra a 90° del Sol; en el caso de la Luna, la primera cuadratura es el cuarto creciente.

arriba, la parte negruzca de cada una de las manchas siempre se halla orientada hacia el lugar de la irradiación solar, mientras que una orla luminosa circunda a la mancha por la parte que se opone al Sol y se vuelve hacia la región tenebrosa de la Luna. Esta superficie lunar que se halla cubierta de manchas como una cola de pavo real de ojos

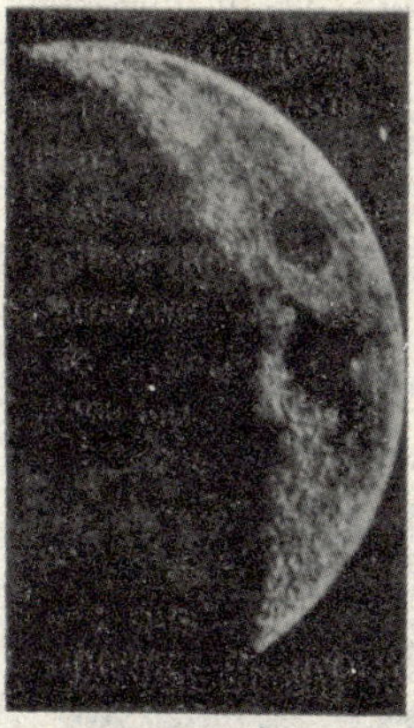

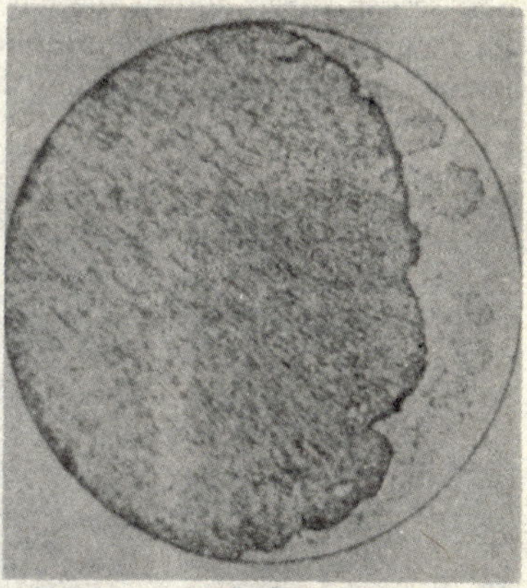

Fotografía de la Luna iluminada de manera parecida a la del dibujo de Galileo. Las dos grandes manchas obscuras son el Mare Crisium y el Mare Fecunditatis.

cerúleos se asemeja a aquellos vasitos de vidrio que, inmersos aún calientes en agua fría, adquieren una superficie agrietada y ondulada, razón por la cual la gente los denomina copas de hielo. Por lo que respecta a las manchas grandes de la misma Luna, no se ven de hecho tan interrumpidas y llenas de oquedades y prominencias, sino que aparecen más iguales y uniformes, emergiendo tan sólo aquí y allí algunas zonas más claras. De este modo, si alguien quisiese resucitar la antigua opinión de los pitagóricos según la cual la Luna sería algo así como otra Tierra, la parte más luminosa de ella representaría más bien la superficie sólida, mientras que la más oscura sería el agua [21]. Por mi parte, nunca he dudado de que, en el globo terrestre visto desde lejos cuando se halla iluminado por los rayos solares, la superficie de la Tierra se ofrece a la vista más luminosa y la líquida más oscura. Otrosí, las grandes manchas se ven en la Luna más deprimidas que las regiones más claras, pues tanto cuando crece como cuando mengua, siempre en los confines entre luz y tinieblas se ven surgir aquí y allá, en torno a las mismas grandes manchas, la parte más luminosa del borde, tal y como hemos reproducido al trazar las figuras. No solamente son

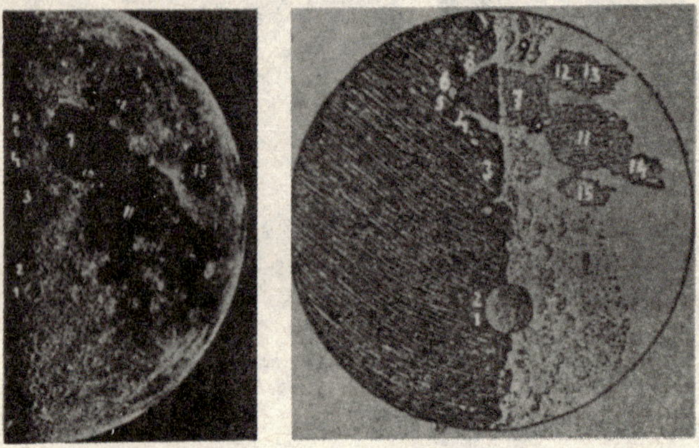

Fotografía de la Luna comparada con un dibujo de Galileo en el que se identifican conjeturalmente algunos accidentes lunares: 1 Cráter Albategnius; 2 C. Hipparchus; 3 Mare Vaporum y Sinus Medii; 4 montes Apeninos; 5 Autolycus; 6 Aristillus; 7 Mare Serenitatis; 8 m. Caucaso; 9 M. Frigoris; 10 m. Haemus; 11 Mare Tranquilitatis; 12 Lacus Somniorum; 13 M. Crisium; 14 M. Fecunditatis; 15 M. Nectaris.

---

21 Esta comparación no se ha de tomar al pie de la letra. De hecho, en 1632, en la Jornada I del *Diálogo sobre los sistemas máximos,* Galileo (pp. 181-183 de la traducción argentina de Aguilar, 1975) niega que haya tales mares y tierras en la Luna (p. 182), identificando las manchas con llanuras (p. 181). (Toda la última parte de esta Jornada, pp. 120-190, está dedicada a la Luna.)

más bajos los confines de dichas manchas, sino que además son más uniformes, no hallándose interrumpidos por rugosidades y asperezas. Además, la parte más luminosa se ve sobresalir principalmente en las proximidades de las manchas, de manera que ora antes de la primera cuadratura, ora comúnmente también en la segunda, en torno a una determinada mancha que ocupa la región superior de la Luna, esto es, la norte, se elevan notablemente tanto por encima como por debajo de ella ciertas prominencias ingentes, tal y como muestran los dibujos adjuntos.

Antes de la segunda cuadratura, esta misma mancha se observa rodeada de determinados contornos más oscuros, los cuales, a la manera de las altísimas cumbres de los montes, aparecen más oscuros por la parte opuesta al Sol y más luminosos por la parte que mira hacia él, al contrario de lo que ocurre con las cavidades, cuya parte opuesta al Sol aparece resplandeciente, mientras que se muestra oscura y sombría la que se vuelve hacia él. Al

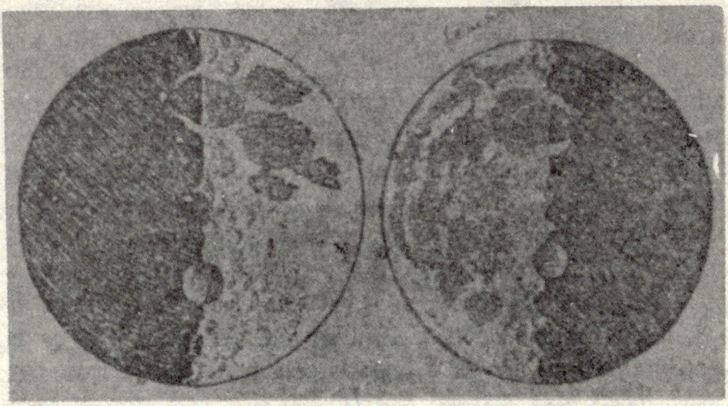

disminuir luego la superficie luminosa, cuando casi toda la mencionada mancha se halla cubierta de sombras, surgen paulatinamente de las tinieblas las cumbres más luminosas de los montes. Ambos aspectos se muestran en las siguientes figuras.

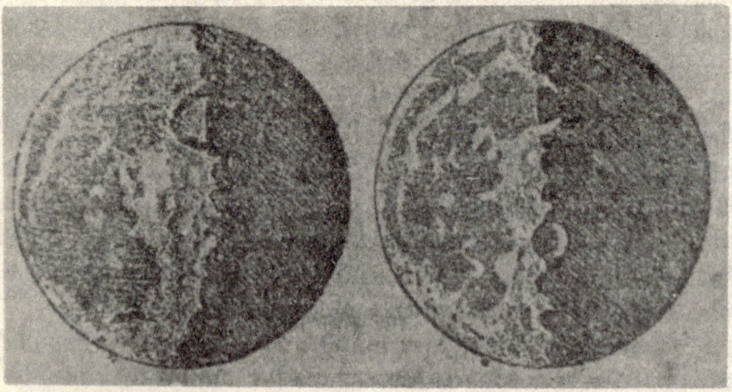

No quiero dejar de señalar otra cosa que he notado no sin asombro, cual es que el lugar que se halla casi en el centro de la Luna está ocupado por una cavidad mayor que todas las demás, siendo de una figura perfectamente redonda. La observé cerca de ambas cuadraturas y la he reproducido lo mejor posible en la segunda de las figuras de más arriba. Por lo que atañe a las luces y sombras, ofrece el mismo aspecto que habría de presentar sobre la Tierra la superficie similar de Bohemia si se hallase circundada por montes altísimos dispuestos perfectamente en círculo. En la Luna, esa región se halla de hecho rodeada de tan altas cumbres que la orilla extrema que limita con la parte tenebrosa de la Luna se ve invadida por la luz del Sol antes de que el límite entre luz y sombra alcance el diámetro de dicha figura. Además, a la manera de otras manchas, su parte sombría mira hacia el Sol, mientras que la luminosa se halla dispuesta hacia la parte tenebrosa de la Luna, cuestión sobre la que con gusto llamo por tercera vez la atención, ya que es muy firme argumento en favor de la aspereza y desigualdad extendidas por toda la región más clara de la Luna. De todas estas manchas siempre son más oscuras aquéllas que están junto a los confines entre luz y tinieblas, mientras que las más remotas aparecen no sólo menores, sino menos oscuras, de modo que cuando finalmente llena la Luna toda su circunferencia en la oposición [22], la sombra de las cavidades se distingue de la blancura de las partes elevadas en virtud de un contraste pequeño y bastante tenue.

Las observaciones expuestas atañen a las regiones más claras de la Luna; pero en las grandes manchas no se percibe una diferencia entre cavidades y prominencias como la que necesariamente hay que establecer en la parte más luminosa, merced al cambio del aspecto que ofrece de acuerdo con las diversas iluminaciones de los rayos solares correspondientes a las múltiples posiciones desde las que el Sol mira a la Luna. No obstante, se dan en las grandes manchas algunas zonas ligeramente más oscuras, tal y como hemos señalado en las figuras. Mas con todo, éstas siempre ofrecen el mismo aspecto, sin que aumente a disminuya su opacidad, aunque con mínimas diferencias aparezcan ora un poco más oscuras, ora, por el contrario, más claras, según que los rayos solares caigan más o menos oblicuos sobre ellas. Asimismo, júntanse con suavidad a las partes más próximas de las manchas, mezclando y confundiendo sus límites. Muy otra es la situación de las manchas que ocupan la superficie más luminosa de la Luna, las cuales, cual peñas escarpadas y erizadas de abruptas y angulosas rocas, se esculpen netamente con duros contrastes de luces y sombras. Obsérvanse también dentro de aquellas mismas manchas grandes ciertas zonas más claras, algunas de las cuales incluso son muy brillantes. Mas el aspecto que ofrecen tanto éstas como aquellas más oscuras es siempre el mismo, no presentando ningún cambio, sea de figura, sea de luz o de oscuridad, de donde, sin duda alguna, se puede afirmar que su aspecto débese a una real desemejanza de las partes, más bien que a una desigualdad de las figuras de dichas partes debida a las diferentes iluminaciones del Sol que mueve de distinto modo las sombras, tal y como acontece con las otras manchas menores que ocupan la parte más clara de la Luna. Estas de día en día mudan, crecen, disminuyen

---

[22] La oposición se da cuando el astro se halla a 180° del Sol; en este caso se trata de la Luna llena.

y desaparecen por tener su origen tan sólo en las sombras de las prominencias.

Ciertamente, me da la impresión de que muchos se verán aquí asaltados por grandes dudas, vencidos por tan grande dificultad cual es la de verse obligados a poner en entredicho una conclusión ya establecida y por tantas apariencias confirmada. En efecto, si aquella parte de la superficie lunar que más brillantemente refleja los rayos solares está plagada de anfractuosidades, esto es, de innumerables cavidades y prominencias, ¿por qué la circunferencia oriental en la menguante o la periferia toda en el plenilunio no se observa desigual, áspera y sinuosa, sino que, por el contrario, se ve exactamente redonda y trazada a compás, sin huella alguna de cavidades o prominencias? Tanto más cuanto que el borde todo de la Luna se halla formado por la sustancia más clara de la Luna, de la que ya hemos dicho que se encuentra llena de prominencias y oquedades. Además, ninguna de las grandes manchas se extiende hasta el perímetro externo, sino que todas se ven agrupadas lejos de la órbita. Expondré la doble causa de esta apariencia que da pie a tan grave duda y, por ende, la doble solución de la duda. En primer lugar, si las prominencias y cavidades del cuerpo lunar se extendiesen únicamente por la periferia del círculo que limita el hemisferio visible, entonces la Luna podría y aun debería mostrarse ante nosotros casi a la manera de una rueda dentada, es decir, limitada por un orbe granulado y sinuoso. Mas si a lo largo de la circunferencia no estuviese dispuesta únicamente una serie de prominencias, sino que dispuestas paralelamente en torno al orbe externo de la Luna se encontrasen muchísimas cadenas montañosas con sus valles y quebradas, y no sólo en el hemisferio visible, sino también en el opuesto (aunque junto al límite de ambos hemisferios), en tal caso el ojo que mirase desde lejos no podría captar en absoluto la diferencia entre prominencias y cavidades, dado que los huecos entre los montes dispuestos en el mismo círculo, esto es, en la misma cordillera, se ocultan por la interposición de otras elevaciones dispuestas en sucesivas cade-

Primer mapa de la Luna, debido a Thomas Harriot (1560-1621). Aunque nunca publicó sus descubrimientos astronómicos, Harriot realizó estas observaciones antes que Galileo, en 1609 y 1610.

nas, sobre todo si el ojo del observador se sitúa en la misma recta que los vértices de dichas elevaciones. Así, en la Tierra, las cumbres de muchos montes próximos aparecen dispuestas según una superficie plana si quien los contempla se halla alejado y situado a una altura igual. Así, las hirsutas cimas de las olas de un mar agitado parecen tendidas según un mismo plano, siendo así que entre ola y ola enorme es la abundancia de abismos y oquedades, hasta tal punto profundas que pueden esconder en su seno no sólo el casco, sino también el puente, la arboladura y velas de elevados navíos. Así pues, dado que en la propia Luna y en torno a su periferia muchas son las cadenas de prominencias y cavidades, y puesto que el ojo que las contempla desde lejos se coloca casi en el mismo plano que los vértices de aquéllas, a nadie habrá de parecer extraño que al rayo visual que pasa rozándolas se manifiesten dispuestas según una línea uniforme y en absoluto tortuosa. A estas razones puede añadirse una otra, cual es que en torno al cuerpo lunar hay, como en torno a la Tierra, una especie de esfera de sustancia más densa que el éter restante, capaz de recoger y reflejar la irradiación solar, aunque no tan opaca como para poder impedir el paso a la visión (especialmente cuando no está iluminada). Esta esfera iluminada por rayos solares ofrece y muestra el cuerpo lunar bajo el aspecto de una esfera mayor [23], y si su espesor fuese mayor, sería capaz de impedir que nuestra vista alcanzase el cuerpo sólido de la Luna. Ahora bien, es precisamente más profunda en torno a la periferia de la Luna; más profunda, digo, no en términos absolutos, sino relativamente a nuestros rayos visuales que la cortan oblicuamente, razón por la cual puede impedir nuestra visión, sobre todo cuando está iluminada, escondiendo la periferia lunar expuesta al Sol. Es algo que se comprende con facilidad en la figura adjunta, en la que el cuerpo lunar ABC se halla rodeado por la esfera

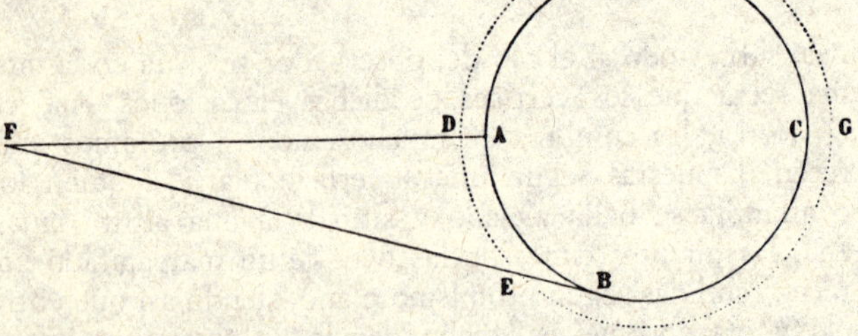

[23] Véase más adelante, p. 131, la crítica de Kepler a esta explicación galileana, atribuyendo el aumento aparente al efecto de la luz en el ojo.

vaporosa DEG. El ojo, desde F, llega a las partes medias de la Luna, como por ejemplo A, a través de los vapores DA menos profundos, mientras que hacia el margen externo hay una capa más profunda de vapores EB que impide con sus límites nuestra visión. Prueba de ello es que la parte iluminada de la Luna aparece de circunferencia más amplia que el restante orbe en tinieblas. Quizá alguien estime que esta misma causa da cuenta de por qué las manchas mayores de la Luna por ninguna parte se ven extenderse hasta el borde último, siendo también plausible que ninguna se encuentre en torno a él [24]. Ahora bien, se puede creer que nos resultan invisibles por esconderse bajo una cantidad más profunda y luminosa de vapores.

Dimensiones del relieve lunar

Considero que ya ha quedado bastante patente por las apariencias expuestas que la superficie más clara de la Luna se halla por doquier plagada de protuberancias y oquedades. Resta que tratemos acerca de sus magnitudes, demostrando que los relieves terrestres son mucho menores que los lunares; menores, digo, incluso hablando en términos absolutos y no ya tan sólo en relación a los tamaños de sus globos, lo que claramente se manifiesta del siguiente modo.

Habiendo observado yo con frecuencia en diversas posiciones de la Luna respecto al Sol que aparecían cubiertos de luz algunos vértices de la parte tenebrosa de la Luna bastante alejados de los límites de la luz, comparando sus distancias con todo el diámetro de la Luna, descubrí que esa separación superaba a veces la vigésima parte del diámetro. Dado lo cual, considérese que el globo lunar

---

[24] Los grandes «mares» no llegan hasta el borde y no existen en la otra cara de la Luna. En dicho borde sólo hay algunos pequeños, como el *Mare Orientalis* o el *Mare Smithii,* muy difíciles de ver con el telescopio de Galileo.

es CAF, con centro E y diámetro CF, que es al diámetro terrestre como dos a siete. Dado que el diámetro terrestre, según las más precisas observaciones, contiene 7.000 millas italianas, CF será de 2.000 y CE de 1.000; por consiguiente, la vigésima parte de todo CF será 100 millas. Sea CF el diámetro del círculo máximo que separa la parte luminosa de la Luna de la oscura (debido a la enorme distancia que separa al Sol de la Luna, este círculo no difiere sensiblemente del máximo); diste A del punto C lo que es su vigésima parte y tráecese el semidiámetro EA, cuya prolongación corte en el punto D a la tangente GCD (que representa el rayo lumi-

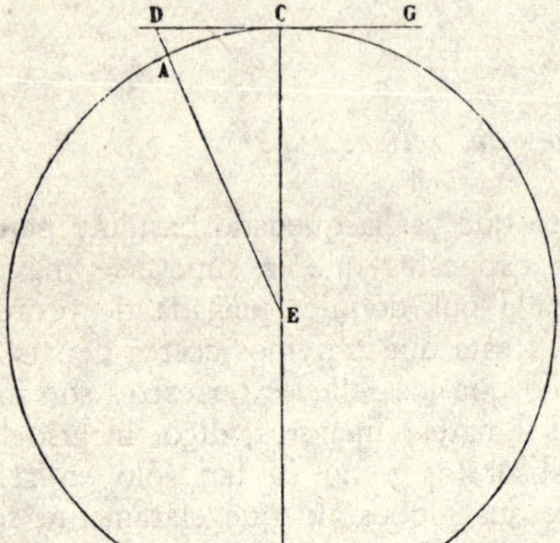

noso). Así pues, el arco CA o la recta CD medirá 100 partes de las 1.000 que tiene CE, y la suma de los cuadrados de DC y CE será 1.010.000, que es igual al cuadrado de DE. Por tanto, toda ED será mayor que 1.004 y AD mayor que 4 de tales partes de las que CE tenía 1.000. Consiguientemente, la altura en la Luna de AD, que representa cualquier vértice prolongado hasta el rayo solar GCD y alejado del término C una distancia CD, resulta mayor que 4 millas italiananas. Ciertamente, en la Tierra no hay ningún monte que apenas se aproxime a la altura perpendicular de una milla, por lo que queda claro que las prominencias lunares son más altas que las de la Tierra [25].

---

[25] Incluso un estudioso de la talla de Stillman Drake considera que Galileo se equivocó estrepitosamente en su estimación del relieve terrestre. Con todo, no es así si tenemos en cuenta dos cosas. En primer lugar, los montes más elevados que Galileo podía conocer se hallaban en los Alpes, resultándole desconocidos el Himalaya o los Andes (que sólo comenzó a medir Humboldt a principios del siglo XIX). En segundo lugar, no se puede criticar el valor de una milla dado por Galileo comparándolo con nuestros valores de altura absoluta respecto al nivel marino, sino que hemos de aplicar métodos de medición congruentes con los empleados por Galileo al medir las prominencias lunares. Lo que hay que medir en ambos casos es la altura del monte desde el pie hasta la cumbre. Así, el Mont Blanc (4.800 m.) se eleva a partir de una plataforma de unos 3.200 m., lo que da un corte de unos 1.600 m.: la milla de Galileo. (Incluso el Everest daría una altura menor del triple de esa cantidad.)

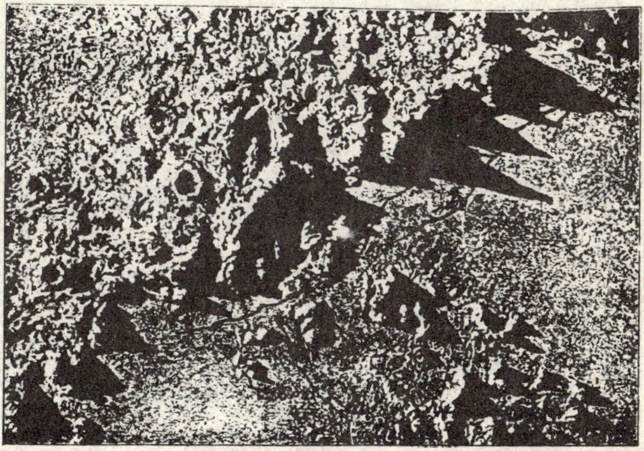

Imagen telescópica de las sombras de los montes lunares proyectadas sobre la llanura adyacente.

La estimación de las alturas lunares no está del todo mal, teniendo en cuenta que la investigación sistemática sobre el tema no comenzó hasta el siglo XVIII, si bien el programa más completo se inició en los Estados Unidos de América en 1959 a base

La Luna y la Tierra son cuerpos opacos semejantes iluminados por el Sol

Pláceme consignar aquí la causa de una otra apariencia lunar digna de admiración, la cual, si bien ya fue por nosotros observada y no recientemente, sino hace muchos años, siendo entonces mostrada, explicada y demostrada a familiares, amigos y discípulos, dado que su observación se torna más fácil y evidente por obra del anteojo, no considero inapropiado reexponerla en este lugar; tanto más cuanto que así más claramente se muestra el parentesco y semejanza entre la Luna y la Tierra.

Puesto que sea antes, sea después de la conjunción, la Luna no se halla muy apartada del Sol, su globo no sólo se ofrece a la contemplación de nuestra mirada por aquella parte que se adorna de brillantes cuernos, sino que además un tenue resplandor perifrérico parece marcar la órbita de la parte tenebrosa que es la que se halla opuesta al Sol, destacándola del campo más oscuro del propio éter [26]. Ciertamente, si examinamos las cosas con más detalle, no sólo veremos brillar con esa incierta claridad la periferia de la parte tenebrosa, sino que toda la faz de la Luna, esto es, la que aún no recibe el fulgor del Sol, contiene alguna luz nada despreciable. Lo que ocurre, empero, es que a primera vista tan sólo se ve la sutil circun-

---

de miles de fotos. La altura, *h,* de un monte sobre el terreno en que se halla se calcula midiendo la longitud, *l,* de la sombra, obteniendo de las tablas la elevación del Sol, θ, ya que $h = l \times \times \operatorname{tg} \theta$. Los cráteres pueden llegar a 3 Km. de profundidad, siendo los mares unos 1.000 m. más bajos que las tierras altas. El monte más alto se halla demasiado al suroeste (junto al cráter Casatus) para que Galileo pudiese observarlo. Es probable que midiese alguno de los Apeninos, situados en una posición bastante central (15°-30° N. en medio del disco visible), como pueda ser el Bradley (4.500 m.), próximo a las cuatro millas de Galileo.

[26] La sustancia de que se hallan formados los cielos según la tradición (cf. la nota 17). Sin embargo, no debe interpretarse al pie de la letra lo que dice Galileo, para quien los materiales de que están hechos los astros son semejantes a los terrestres, por más que puedan dar lugar a cosas muy diversas (véase la p. 122 de la Jornada Primera del *Diálogo*).

ferencia luminosa debido a que se halla contigua a las partes más oscuras del cielo, mientras que la superficie restante parece más oscura por su contacto con los refulgentes cuernos que velan nuestra visión.

Ahora bien, si nos situamos de modo que haya un techo, una chimenea o algún otro obstáculo interpuesto entre la vista y la Luna (aunque alejado del ojo) que oculte esos cuernos resplandecientes a fin de que la restante parte del globo lunar permanezca expuesta a nuestra mirada, entonces se verá cómo brilla también con no poca luz esa zona de la Luna que se halla desprovista de iluminación solar; y eso sobre todo si las tinieblas nocturnas se han espesado ya por la ausencia del Sol, pues en un campo más oscuro la misma luz parece más clara. Además se ha hallado que esa (por así decir) segunda claridad de la Luna es mayor cuanto menos diste ésta del Sol, mientras que al alejarse de él disminuye más y más, de manera que después de la primera cuadratura y antes de la segunda se ve débil y muy incierta, incluso cuando se contempla contra el cielo más oscuro. Sin embargo, hallándose menos alejada en el sextil[27], brilla de manera admirable incluso en el crepúsculo; brilla, digo, hasta el punto de que con un anteojo preciso se ven en ella las grandes manchas. Este admirable fulgor ha despertado no poco asombro entre los filósofos, quienes han aducido como su causa uno u otro medio. Algunos han dicho que la misma Luna posee un brillo propio y natural; otros, que se lo presta Venus[28]; otros, que todas las estrellas, y otros, que el Sol, el cual atravesaría con sus rayos la espesa consistencia de la Luna. Mas, ciertamente, tales propuestas se refutan con poco esfuerzo, poniéndose de

---

27 Cuando la Luna se halla a 60° del Sol.

28 Tal era la posición de Tycho Brahe en el libro II de sus *Ejercicios preparatorios (Progymnasmata),* según oportunamente señala Kepler en sus *Añadidos a Vitelo,* capítulo VI, apartado 10: «Sobre la iluminación mutua de la Luna y la Tierra». Kepler critica esta idea por cuanto que en la fase creciente la Luna presenta esa luz a pesar de que no siempre se halle Venus del lado apropiado. Pero no niega la posibilidad de que así ocurra en algunas ocasiones (véase la crítica de Galileo un poco más abajo).

manifiesto su falsedad. En efecto, si su luz fuese propia o derivase de las estrellas, se mantendría y se mostraría sobre todo durante los eclipses, momento en que habría de ser la única que permaneciese en el cielo oscurísimo. Mas eso queda contradicho por la experiencia, pues el fulgor que aparece en la Luna durante los eclipses es mucho menor, rojizo y cuasibronceado, mientras que éste es más claro y blanquecino. Además, aquél es variable y cambia de lugar, vagando por la faz de la Luna, de modo que aquella parte que se halla más próxima a la periferia del círculo de la sombra terrestre se observa siempre más clara, siendo la restante más oscura. Por todo lo cual, sin duda colegimos que ello se debe a la vecindad de los rayos solares tangentes a determinada región más espesa que ciñe circularmente a la Luna, contacto por el cual una cierta aura se difunde por las zonas vecinas de la Luna, no de otro modo que en la Tierra, sobre la que por la mañana y por la tarde se extiende una luz crepuscular [29]. De todo esto trataremos más extensamente en el libro *Del sistema del mundo* [30]. Afirmar, empero, que tal luz la imparta Venus es tan pueril que no merece respuesta. ¿Quién hay tan ignorante que no sepa que en torno a la conjunción y en el aspecto [31] sextil es del todo imposible

---

29 Kepler critica esta explicación galileana basada en una inexistente atmósfera lunar, poniendo la causa del fenómeno en la refracción de la luz debida a la atmósfera terrestre. Cf. más adelante, p. 132.

30 Galileo planeaba un tratado sobre la constitución del mundo ya en 1597, a juzgar por una carta a Kepler en la que señala que posee argumentos en favor del copernicanismo (quizá la teoría de las mareas). Finalmente este Sistema del Mundo se convirtió en el *Diálogo sobre los sistemas máximos,* cuya primera jornada está dedicada en gran parte a la Luna, si bien no se habla de nuevo de este tema, quizá debido a las críticas de Kepler. Véase más adelante, p. 132.

31 Un *aspecto* es el ángulo que forman las direcciones visuales hacia dos astros, constituyendo la base fundamental de los pronósticos astrológicos. Los cinco aspectos clásicos eran la conjunción (coincidencia), la oposición (180°), la cuadratura (90°), el trino (120°) y el sextil (60°). Véase lo que dice Kepler sobre el tema; más abajo, p. 142.

que la parte de la Luna opuesta al Sol mire hacia Venus? [32] Igualmente impensable es que derive de que el Sol penetre con su luz la espesa consistencia de la Luna, pues en tal caso nunca habría de disminuir, dado que un hemisferio de la Luna siempre se halla iluminado por el Sol, excepto cuando hay un eclipse. Sin embargo, disminuye cuando la Luna se dirige a la cuadratura, desapareciendo por completo al superar la cudratura. Así pues, dado que ese su fulgor secundario ni es congénito y propio de la Luna ni lo confieren las estrellas o el Sol, al no quedar en la inmensidad del mundo ningún otro cuerpo que no sea la sola Tierra, ¿qué pensaremos?, me pregunto, ¿qué propondremos? ¿Acaso el propio cuerpo de la Luna o cualquier otro opaco y tenebroso no se verá cubierto de luz por la Tierra? ¿Por qué extrañarse? En efecto, en justa y agradecida compensación, devuelve la Tierra a la Luna una iluminación pareja a la que recibe casi continuamente de la misma Luna en las más profundas tinieblas de la noche [33]. Expliquémoslo con más claridad. En las conjunciones, al encontrarse la Luna situada en un lugar interpuesto entre el Sol y la Tierra, recibe los rayos solares en su hemisferio superior opuesto a la Tierra, hallándose el inferior que mira hacia la Tierra cubierto de tinieblas, por lo que no alumbra en absoluto la superficie terrestre. Al alejarse la Luna poco a poco del Sol, ya se ilumina alguna parte del hemisferio inferior orientado hacia nosotros, presentándonos sus blanquecinos aunque exiguos cuernos y alumbrando ligeramente la Tierra. Crece en la

---

[32] Recuérdese que Venus presenta una elongación (alejamiento angular del Sol) máxima de 45°, correspondiente a cómo se ve el radio de su órbita desde la Tierra.

[33] Galileo no es aquí tan original como piensa, pues esa misma era la opinión del maestro de Kepler, Michael Maestlin, en las tesis 21-23 de su *Disputación sobre los eclipses,* citada por Kepler en el pasaje de los *Añadidos a Vitelo* mencionado en la nota 28: «Por esta razón, como antes dijimos, estos dos cuerpos [la Tierra y la Luna] interceptan sucesivamente la luz del Sol en beneficio mutuo; así, alternativamente uno limita la noche del otro.»

Luna que ya alcanza la cuadratura la iluminación solar, aumenta en la Tierra el reflejo de su luz y extendiéndose el resplandor en la Luna por un semicírculo, nuestras noches resplandecen más claras. Cuando toda la cara de la Luna que mira a la Tierra irradia con los brillantísimos fulgores del Sol que se halla enfrente, la superficie terrestre inundada de resplandor lunar brilla por doquier. Cuando luego la Luna menguante nos envía más débiles rayos, más apagadamente se ilumina la Tierra. Al acercarse la Luna a la conjunción, la negra noche invade la Tierra. Con tal sucesión de fases, el fulgor lunar nos otorga mensuales iluminaciones, ora más claras, ora más débiles, y en justa compensación la Tierra le devuelve el favor. En efecto, cuando la Luna se halla bajo el Sol en torno a las conjunciones, mira hacia toda la superficie del hemisferio terrestre expuesto al Sol e iluminado por vívidos rayos, recibiendo el reflejo de esa misma luz. Debido a tal reflejo, el inferior de los hemisferios lunares, esto es, el que se halla desprovisto de luz solar, aparece no poco luminoso. Alejándose la propia Luna un cuadrante del Sol, mira tan sólo hacia la mitad de un cuadrante terrestre iluminado, a saber, el occidental, hallándose la otra mitad oriental oscurecida por la noche. Al encontrarse la misma Luna iluminada por la Tierra con menos esplendor, aquella su luz secundaria se nos muestra más exigua. Si pones ahora a la Luna en oposición al Sol, mirará al hemisferio completamente tenebroso de la Tierra interpuesta, invadido por la oscura noche. Si dicha oposición produce un eclipse, ninguna iluminación recibirá la Luna, desprovista como está tanto de la irradiación solar como de la terrestre. En diferentes posiciones respecto al Sol y la Tierra, recibirá más o menos luz del reflejo terrestre según que mire a una parte mayor o menor del hemisferio terrestre iluminado. De este tenor es la relación que mantienen estos dos globos, pues en aquellas épocas en que la Tierra se ve más alumbrada por la Luna, menos ilumina la Tierra a la Luna y a la inversa. Baste con esto aquí, pues más ampliamente hablaremos de ello en nuestro sistema del mundo [34], donde con numerosas razones y experiencias mostraré cuán potente es la luz solar reflejada por la Tierra a quienes pretendan que ha de atribuirse a la danza de las estrellas, sobre todo por hallarse [la Tierra] carente de luz y movimiento. Por nuestra parte, confirmaremos con demostraciones y aun con mil razones naturales que aquélla es errante y superior en brillo a la Luna, y no un sumidero de inmundicias y heces terrenales [35].

Sobre las estrellas fijas ya conocidas

Hemos hablado hasta ahora de las observaciones relativas al cuerpo lunar; expongamos ahora brevemente cuanto hasta este momento hemos observado en las estrellas fijas. Ante todo, hay algo digno de señalar, cual es que cuando se observan con el anteojo tanto las estrellas fijas como las errabundas, no parecen aumentan de tamaño en la misma proporción según la cual se incrementan los restantes objetos, incluyendo la Luna. Ciertamente, dicho aumento parece ser mucho menor en las estrellas, de manera que el anteojo que consigue multiplicar los otros objetos en una proporción céntuple, pongo por caso, se diría que apenas aumenta las estrellas el cuádruplo o el quíntuplo. La razón de ello, por lo que respecta a los astros, es que cuando se miran con la libre y natural visión ocular, no se nos ofrecen con su simple y por así decir desnuda magnitud, sino con la irradiación de ciertos fulgores y con una cabellera de rayos brillantes, sobre todo de noche cerrada. De este modo parecen mayores que si se despojasen de esas pelucas postizas [36], pues el án-

---

[34] Cf. el *Diálogo sobre los sistemas máximos,* Jornada Primera, pp. 130-131.

[35] Esta es la primera vez que Galileo declara públicamente que la Tierra es un planeta que se mueve y no el centro inmóvil del mundo.

[36] Véase más adelante (p. 134) la crítica de Kepler a este pasaje, explicando el efecto óptico de los fulgores de las fijas.

gulo visual no abarca el cuerpo principal de la estrella, sino el resplandor difundido ampliamente en derredor. Se puede comprobar esto clarísimamente por el hecho de que las estrellas, tan pronto como salen en el crepúsculo, a la puesta del Sol, parecen en extremo exiguas por más que sean de primera magnitud. El propio Venus, cuando se ofrece a nuestra vista hacia mediodía, se ve tan menguado que apenas parece igualar a una estrellita de última magnitud. Muy distinto es lo que ocurre con otros objetos y con la propia Luna, la cual, si se contempla tanto a mediodía como en la más profunda oscuridad, siempre aparece del mismo tamaño. Cuando los astros se observan en medio de la oscuridad, presentan una melena, si bien la luz del día consigue trasquilar esos cabellos; y no sólo esta luz, sino también incluso una nubecilla que se interponga entre la estrella y el ojo del observador, así como los velos negros y los vidrios de colores con cuyo obstáculo e interposición los fulgores circundantes abandonan las estrellas. También lo consigue asimismo el anteojo, el cual primero elimina los fulgores postizos y accidentales de las estrellas para aumentar luego sus simples esferas (si fuesen de figura esférica), por lo que parecen aumentar según una proporción menor. Así, si se observa con el anteojo una estrellita de quinta o sexta magnitud, aparece como si fuera de primera magnitud.

Diferencia entre cuerpos opacos y luminosos

También parece digna de señalarse la diferencia que media entre el aspecto de los planetas y las estrellas fijas. Los planetas presentan sus globos exactamente redondos y delineados y, a modo de lunitas completamente inundadas de luz, aparecen orbiculares, mientras que las estrellas nunca se ven delimitadas por un contorno circular, sino que presentan como fulgores cuyos rayos vibran en torno y centellean notablemente. Con el anteojo aparecen de forma semejante a la que ofrecen a simple vista, aunque hasta tal punto mayores [37] que una estrellita de quinta o sexta magnitud parece igual que el Can [38], la mayor de todas las fijas.

Estrellas vistas por primera vez

Ahora bien, por debajo de las estrellas de sexta magnitud, verás con el anteojo, cosa difícil de creer, una numerosa grey de otras estrellas que escapan a la visión natural; más de hecho que las que contienen los otros seis grados de magnitudes. Las mayores de ellas, que podemos denominar de séptima magnitud o de la primera magnitud de las invisibles, se ven gracias al anteojo mayores y más claras que las estrellas de segunda magnitud observadas a simple vista. A fin de que tengas alguna que otra prueba de su increíble abundancia, he tenido a bien adjuntar dos constelaciones con las que te harás una idea de todas las demás.

En un principio, había decidido dibujar la constelación de Orión entera; pero abrumado por la ingente abundancia de estrellas y por la escasez de tiempo, dejé para otra ocasión semejante aventura. Diseminadas en torno a las antiguas y dentro de los límites de uno o dos grados se reúnen más de quinientas. Además de las tres que se han señalado en el Cinturón y de las seis de la Espada, hemos añadido otras ochenta recientemente contempladas, observando sus distancias con la mayor exactitud.

---

[37] Las estrellas se encuentran tan alejadas que el telescopio no aumenta sus tamaños, aunque sí su luz. El centelleo que presentan se debe a que no son más que un punto, con lo que las variables refracciones del rayo procedente de ella en las móviles capas atmosféricas a distintas temperaturas hacen que su luz se aparte intermitentemente del ojo, provocando su desaparición y reaparición rápidas. Tal cosa no se observa en los planetas que por su mayor proximidad aparecen como discos con un diámetro perceptible, de modo que siempre nos llega al ojo alguna luz proviniente de uno u otro de sus puntos.

[38] *α-Canis Majoris* (Sirio), tiene una magnitud aparente de —1,4.

Constelación del Cinturón y la Espada de Orión.

Para distinguir las conocidas o antiguas, las hemos dibujado de mayor tamaño, señalando sus contornos con una línea doble, mientras que las que no se ven las hemos indicado con una sola línea y de menor tamaño, procurando también mantener al máximo las diferencias de magnitud.

En el otro ejemplo pintamos las seis estrellas de Tauro denominadas PLEYADES (digo seis por cuanto que la séptima casi nunca aparece), encerradas en el cielo dentro de estrechísimos límites y junto a las cuales se encuentran

Constelación de las Pléyades.

más de cuarenta de las otras invisibles, ninguna de las cuales se aleja más de medio grado de las seis mencionadas. Tan sólo hemos señalado treinta de ellas, manteniendo, como en el caso de Orión, sus separaciones y tamaños, así como la distinción entre antiguas y nuevas.

La Galaxia y los cúmulos de estrellas

Lo que en tercer lugar observamos fue la naturaleza o carácter de la propia Vía LACTEA, que pudimos examinar con los sentidos gracias al anteojo, dirimiendo así con la certeza que dan los ojos todos los altercados que han atormentado durante tantos siglos a los filósofos y liberándonos de las disputas verbales. La GALAXIA no es, pues, otra cosa que un conglomerado de innumerables estrellas reunidas en montón. Hacia cualquier región que se dirija el anteojo, inmediatamente se presenta a la vista una ingente cantidad de estrellas, muchas de las cuales aparecen bastante grandes y conspicuas, si bien resulta completamente inexplorable el número de las pequeñas.

Ahora bien, dado que en la GALAXIA no sólo se observa aquella blancura láctea cual nube blanquecina, sino que también brillan débilmente muchas partes de similar color dispersas por el éter, si diriges hacia cualquiera de ellas el catalejo, toparás con una asamblea de hacinadas estrellas. Además (lo que más aún te habrá de asombrar), las estrellas que hasta este dían han denominado todos los astrónomos NEBULOSAS son cúmulos de estrellitas admirablemente esparcidas; por la mezcla de cuyos rayos, al escapar del alcance de la vista por su pequeñez o gran alejamiento de nosotros, surge aquella blancura que hasta ahora [39] se había tomado por una parte más densa del cielo capaz de reflejar los rayos del Sol o las estrellas. Observamos algunas, decidiendo adjuntar las constelaciones de dos de ellas.

En la primera tienes la NEBULOSA denominada Cabeza de Orión, en la que contamos veintiuna estrellas.

La segunda contiene la denominada NEBULOSA DEL PESEBRE [40], que no es sólo una estrella, sino un conglomerado de más de cuarenta estrellitas, de las que hemos señalado treinta y seis además de los Asnos, dispuestas en el orden que sigue.

---

39 Como señalará Kepler (cf. más abajo, p. 137), esto no es tan nuevo, habiendo sido ya señalado por otros autores, como Demócrito o Macrobio. Véase el capítulo IV del libro de Kepler *Defensa de Tycho contra Nicolás R. Urso*. La novedad de Galileo estriba en haberlo demostrado por observación.

40 El cúmulo NCG 2632 de más de doscientas estrellas situado en Cáncer. Aparece ya en el catálogo de Hiparco y se llama *Praesepe* (pesebre) por hallarse entre dos estrellas, γ y δ de Cáncer, conocidas con los nombres de *Asellus Borealis* y *Asellus Australis* (asno del norte y asno del sur).

NEBULOSA ORIONIS.

NEBULOSA PRAESEPE.

Los satélites de Júpiter

Hemos expuesto brevemente lo que hasta ahora hemos observado respecto a la Luna, las estrellas inerrantes y la Galaxia. Resta lo que parece más notable de la presente empresa, cual es mostrar y dar a conocer cuatro PLANETAS nunca vistos desde el comienzo del mundo hasta nuestros días y las circunstancias de su descubrimiento y observación, así como sus posiciones y las observaciones realizadas los dos últimos meses acerca de sus desplazamientos y cambios. Asimismo invitamos a todos los astrónomos a que se dediquen a la investigación y definición de sus períodos, cosa que nosotros no hemos podido hacer en absoluto hasta hoy por falta de tiempo. Sin embargo, advertimos nuevamente, a fin de que no se entreguen inútilmente a tal inspección, que se precisa un anteojo muy exacto, como el que describimos al comienzo de este discurso.

He aquí que el séptimo día de enero del presente año de mil seiscientos diez, a la hora primera de la consiguiente noche, mientras contemplaba con el anteojo los astros celestes, apareció Júpiter. Disponiendo entonces de un instrumento sobremanera excelente, percibí (cosa que antes no me había acontecido en absoluto por la debilidad del otro aparato) que lo acompañaban tres estrellitas, pequeñas sí, aunque en verdad clarísimas; las cuales, por más que considerase que eran del número de las fijas, me produjeron cierta admiración por cuanto que aparecían dispuestas exactamente en una línea recta paralela a la Eclíptica, así como más brillantes que las otras de magnitud pareja. Su dispoasición mutua y respecto a Júpiter era:

Ori. * * O * Occ.

Esto es, por la parte oriental había dos estrellas y sólo una hacia el ocaso. La más oriental y la occidental parecían un poco mayores que la otra. Me preocupé muy poco de las distancias entre ellas y Júpiter al considerarlas fijas, como dijimos al principio. Habiendo vuelto a contemplarlas al octavo día, no sé por qué hado, observé una disposición muy otra, pues las estrellas eran todas tres occidentales, más próximas que la noche anterior unas a otras y a Júpiter y mutuamente separadas por similares distancias, tal y como se muestra en el dibujo adjunto.

Ori. O * * * Occ.

En este punto, aun sin prestar ninguna atención al acercamiento mutuo de las estrellas, comencé con todo a preguntarme de qué modo podría Júpiter ponerse al oriente de todas las fijas mencionadas, hallándose la víspera a occidente de dos de ellas. Por consiguiente, temí que quizá [su movimiento] fuese directo [41], en contra del cálculo

41 Las tablas astronómicas asignaban a Júpiter en estas fechas un movimiento retrógrado (hacia el oeste) y no directo (hacia el este). Las estrellas fijas parecen moverse diariamente hacia occidente por efecto de la rotación terrestre. Aunque los planetas participan también de este movimiento aparente general, no ocupan el mismo lugar por respecto a las fijas, sino que debido a su mo-

astronómico, adelantando a dichas estrellas por su movimiento propio, razón por la cual esperé a la noche siguiente con grandes ansias; pero me llevé una gran decepción al encontrarme el cielo cubierto de nubes por todas partes.

Ahora bien, el día décimo, las estrellas aparecieron en esta disposición respecto a Júpiter:

Ori. * * O Occ.

Sólo había dos y ambas a oriente, mientras que la tercera, según mi opinión, se ocultaba tras de Júpiter. Como antes, se hallaban asimismo en la misma recta con Júpiter y dispuestas exactamente según la longitud del Zodíaco. Viendo estas cosas, comprendiendo que no había razón alguna para atribuir a Júpiter semejantes cambios y sabiendo además que las estrellas observadas eran siempre las mismas (pues no había otras ni delante ni detrás en un gran intervalo a lo largo de la longitud del Zodíaco), tornándose ya en admiración mi perplejidad, reparé en que el cambio aparente habría de atribuirse no a Júpiter, sino a las estrellas, determinando por ello que tenía que observar en adelante con mayor escrupulosidad y clarividencia.

Consiguientemente, el día onceno vi la siguiente disposición:

Ori. * * O Occ.

Esto es, sólo dos estrellas a oriente, de las que la del medio distaba el triple de Júpiter que de la más oriental,

---

vimiento orbital, se desplazan en general hacia el este. Sin embargo, en ocasiones presentan la apariencia de un movimiento contrario (retrógrado) hacia occidente, como si volviesen sobre sus pasos, debido a que se observan desde una Tierra también en movimiento. En el caso de los planetas superiores (los más alejados del Sol que la Tierra), más lentos que nuestro observatorio móvil (la Tierra), como es el caso de Júpiter, esos movimientos retrógrados se producen cuando la Tierra los adelanta por su trayectoria más baja, haciendo que se proyecten contra estrellas fijas situadas más al oeste, provocando la impresión de que retroceden.

siendo ésta casi el doble mayor que la otra, a pesar de que la noche anterior parecían casi iguales. Así pues, determiné y establecí fuera de toda duda que en el cielo había tres estrellas errantes en torno a Júpiter, a la manera de Venus y Mercurio en torno al Sol[42], cosa que se vio de manera más clara que la luz del mediodía en otras múltiples observaciones sucesivas. Y no sólo tres, sino ciertamente cuatro son los astros errantes que realizan sus circunvoluciones en torno a Júpiter, de cuyas permutaciones observadas consiguientemente con mayor exactitud informaré a continuación. Medí también las separaciones entre ellos con el anteojo, según el método más arriba explicado[43], anotando además la hora de las observaciones, en especial cuando hacía muchas en la misma noche, pues tan rápidas son las revoluciones de estos planetas que incluso se pueden determinar, por lo común, las diferencias horarias.

Así pues, el día decimosegundo, a la primera hora de la consiguiente noche, vi los astros dispuestos de esta manera:

Ori. ✳ ∗○ ✳ Occ.

La estrella más oriental era mayor que la más occidental, aunque ambas eran muy visibles y brillantes, distando ambas de Júpiter dos escrúpulos primeros[44]. La tercera estrellita que antes no se veía nada, comenzó a asomar a la tercera hora, tocando casi a Júpiter por la parte oriental y siendo notablemente pequeña. Todas se halla-

---

42 El hecho de que Mercurio y Venus no se vean nunca muy alejados del Sol (sus elongaciones máximas son de 28° y 45°, respectivamente) obligó a considerarlos de algún modo ligados al Sol incluso en la astronomía geocéntrica clásica. Galileo mostrará observacionalmente más tarde que giran en torno al Sol, descubriendo que Venus presenta fases como la Luna.

43 Véase más arriba, pp. 40 y ss.

44 Primera división del arco de círculo, *escrúpulos* o *minutos primeros* (nuestros minutos), que se subdividen a su vez en *escrúpulos* o *minutos segundos* (nuestros segundos).

ban en la misma recta, ordenadas según la longitud de la Eclíptica.

El día decimotercero vi por vez primera las cuatro estrellitas con la siguiente disposición respecto a Júpiter:

Ori. * O*** Occ.

Había tres occidentales y una oriental, formando una línea casi recta, pues la del medio de las occidentales se alejaba un poco de la recta hacia Septentrión. La más oriental distaba de Júpiter dos minutos, siendo cada uno de los intervalos de las restantes y de Júpiter de un solo minuto. Todas las estrellas presentaban la misma magnitud y, aunque pequeñas, eran con todo luminosísimas y mucho más brillantes que las fijas de su misma magnitud.

El día decimocuarto hubo tiempo nuboso.

El día decimoquinto, a tercera hora de la noche, las cuatro estrellas mantenían con Júpiter la disposición aquí representada:

Ori. O * * * * Occ.

Todas a occidente y situadas aproximadamente en la misma línea recta, aunque la tercera contando desde Júpiter se alejaba un poco hacia el Polo Norte. La más cercana a Júpiter era la más pequeña de todas, mientras que las restantes que la seguían aparecían mayores. Los intervalos entre Júpiter y los tres astros siguientes eran todos iguales, de dos minutos, si bien la más occidental distaba cuatro minutos de la más próxima. Resultaban muy brillantes y nunca, ni antes ni después, aparecieron centelleantes [45]. Ahora bien, a la hora séptima tan sólo quedaban tres estrellas, ofreciendo con Júpiter el siguiente aspecto:

Ori. O * * * Occ.

[45] Lo que prueba que no son fijas; véase más arriba, p. 62.

Esto es, se hallaban exactamente en la misma recta. La más próxima a Júpiter era extraordinariamente pequeña, distando de él tres minutos primeros; la segunda distaba de ésta un minuto y la tercera de la segunda, 4 min. prim. y 30 seg. Pues bien, después de otra hora, las dos estrellitas del medio se hallaban aún más próximas, distando apenas tan sólo 30 min. seg.

El día decimosexto, a la primera hora de la noche, vimos tres estrellas dispuestas según este orden:

Ori. * O * * Occ.

Dos interceptaban a Júpiter a una distancia a uno y otro lado de 0 min., 40 seg., si bien la tercera occidental distaba de Júpiter 8 min. Las más próximas a Júpiter no aparecían mayores, aunque sí más luminosas que la más lejana.

El día decimoséptimo, a las 0 horas, 30 min. del ocaso, ésta fue la disposición:

Ori. * O * Occ.

La única estrella oriental distaba de Júpiter 3 min., hallándose la asimismo única occidental a 11 min. de Júpiter. La oriental parecía ser dos veces mayor que la occidental, sin que hubiese más que estas dos. Sin embargo, tras cuatro horas, cerca ya de la hora quinta, comenzó a salir por el lado oriental la tercera que antes, según creo, se hallaba junto a la primera; he aquí dicha posición:

Ori. ** O * Occ.

La estrella del medio, muy próxima a la oriental, alejábase de ella tan sólo 20 min. seg., apartándose un poco hacia el sur de la línea recta trazada por las extremas y Júpiter.

El día decimoctavo, a las 0 horas y 20 minutos tras el ocaso, tal era la figura:

Ori. * O * Occ.

La estrella oriental era mayor que la occidental, distando de Júpiter 8 min. prim., mientras que la occidental se apartaba 10 min. de Júpiter.

El día decimonoveno, a la segunda hora de la noche, ésta era la disposición de las estrellas:

Ori. * O * * Occ.

Esto es, se hallaban tres estrellas exactamente en línea recta con Júpiter: una oriental a una distancia de Júpiter de 6 min. prim.; entre Júpiter y la primera occidental siguiente mediaba un intersticio de 5 min., alejándose ésta 4 min. de la más occidental. En aquel momento no estaba claro que hubiera una estrellita intermedia entre la estrella oriental y Júpiter, aunque tan próxima a Júpiter que casi lo tocaba. Mas a la hora quinta, la vi ya claramente en medio, ocupando exactamente el lugar que hay entre Júpiter y la estrella oriental, formando esta configuración:

Ori. * * O * * Occ.

Además, la estrella recién observada era muy pequeña, si bien a la hora sexta era casi de igual magnitud que las restantes.

El día vigésimo, a la 1 horas, 15 minutos, se veía semejante disposición:

Ori. * O * * Occ.

Había tres estrellitas tan pequeñas que apenas se podían percibir y que no distaban entre sí y respecto a Júpiter más de un minuto, siendo incierto si a occidente había dos o tres estrellitas. Hacia la hora sexta, se hallaban dispuestas de esta manera:

Ori. * O * * Occ.

Ahora bien, la oriental se alejaba de Júpiter el doble que antes, a saber, 2 min., mientras que la occidental del medio distaba de Júpiter 0 min., 40 seg. y de la más occidental, 0 min., 20 seg. A la hora séptima, en fin, se veían tres estrellitas hacia occidente:

Ori. * O* ** Occ.

La más próxima a Júpiter se alejaba de él 0 min., 20 seg.; entre ésta y la más occidental había un intervalo de 40 minutos segundos, observándose entre ellas otra un poco desviada hacia el mediodía, apartada no más de diez segundos de la más occidental.

El día vigesimoprimero, a las 0 horas, 30 min., había tres estrellitas a oriente, a igual distancia de Júpiter y unas de otras:

Ori. *** O * Occ.

Los intervalos estimados eran de 50 minutos segundos. Había también una estrella a occidente a una distancia de Júpiter de 4 min. prim. La oriental próxima a Júpiter era la menor de todas, siendo las restantes un tanto mayores y casi iguales entre sí.

El vigesimosegundo día, a las 2 horas, tal era la disposición de las estrellas:

Ori. * O ** * Occ.

La separación entre la estrella oriental y Júpiter era de 5 min. prim, y de 7 prim. la que mediaba entre Júpiter y la más occidental. Las dos intermedias de occidente distaban entre sí 0 min., 40 seg., alejándose de Júpiter la más próxima a él 1 min. prim. Estas estrellitas intermedias eran menores que las de los extremos y se extendían según la misma línea recta siguiendo la longitud del Zodíaco, excepto por lo que respecta a la del medio de las tres occidentales que se alejaba un poquito hacia el sur. Mas a la hora sexta de la noche, se vieron en esta disposición:

Ori. * ○ * * * Occ.

La oriental era muy pequeña, distando de Júpiter como antes, 5 min. prim., si bien las tres occidentales distaban lo mismo entre sí y respecto a Júpiter, siendo cada uno de los intervalos aproximadamente de 1 min., 20 seg. Además, la estrella más cercana a Júpiter aparecía menor que las otras dos siguientes, pareciendo hallarse todas exquisitamente dispuestas en la misma recta.

El día vigesimotercero, a las 0 horas, 40 min. del ocaso, la disposición de las estrellas se presentó aproximadamente así:

Ori. * * ○ * Occ.

Había tres estrellitas en línea recta con Júpiter, siguiendo como siempre la longitud del Zodíaco; dos estaban al oriente y una a occidente. La más oriental se alejaba de la siguiente 7 min. prim.; ésta de Júpiter, 2 min., 40 seg., y Júpiter de la occidental, 3 min., 20 seg., siendo todas casi de la misma magnitud. Ahora bien, a la hora quinta ya no se veían las dos estrellas que se hallaban antes cerca de Júpiter, ocultándose, según creo, bajo Júpiter. Tal era su aspecto:

Ori. * ○ Occ.

El día vigesimocuarto se vieron tres estrellas, todas al oriente y casi en línea recta con Júpiter:

Ori. * * * ○ Occ.

La del medio, empero, se desviaba un poco hacia el sur. La más próxima a Júpiter distaba de éste 2 min.; de ésta, la siguiente 0 min., 30 seg., y de ésta, la más oriental 9 min., siendo todas ellas notablemente resplandecientes. Ahora bien, a la hora sexta tan sólo se mostraban dos estrellas en esta posición:

Ori. * * O Occ.

Esto es, exactamente en la misma línea recta con Júpiter, del que se alejaba la más próxima 3 min. prim., y la otra de ésta, 8 min. prim. Si no me equivoco, las dos estrellitas intermedias antes observadas se habían fundido en una.

El día vigesimoquinto, a las 1 horas, 40 min., se presentaba esta disposición:

Ori. * * O Occ.

Había, pues, sólo dos estrellas en la zona oriental y bastante grandes. La más oriental distaba de la del medio 5 min. y ésta de Júpiter, 6 min.

El día vigesimosexto, a las 0 horas, 40 min., la ordenación de las estrellas era de este modo:

Ori. * * O * Occ.

Veíanse, pues, tres estrellas, dos de las cuales estaban al oriente y la tercera a occidente de Júpiter. Esta se alejaba de él 5 min., mientras que la media de las orientales distaba del mismo 5 min., 20 seg., y por su parte la más oriental se hallaba a 6 min. de la media. Estaban dispuestas en la misma recta, siendo de la misma magnitud. Más tarde, a la hora quinta, la ordenación era casi la misma, discrepando tan sólo en que, junto a Júpiter, salía por oriente una cuarta estrellita, menor que las restantes, alejada entonces de Júpiter 30 min., si bien se apartaba de la línea recta un poquito hacia Septentrión, tal y como muestra la figura adjunta:

Ori. * * *O * Occ.

El día vigesimoséptimo, 1 hora después del ocaso, tan sólo se veía una estrellita y al oriente, según esta disposición:

Ori. * ○ Occ.

Era considerablemente pequeña y se alejaba de Júpiter 7 min.

El día vigesimoctavo y vigesimonono no se pudo observar nada por la interposición de las nubes.

El día trigésimo, a la hora primera de la noche, se veían los astros situados de este modo:

Ori. * ○ * * Occ.

Había uno al oriente, a una distancia de Júpiter de 2 min., 30 seg., y dos a occidente, de los cuales el más próximo a Júpiter se alejaba de él 3 min. y el otro, 1 min. La posición de los dos extremos y de Júpiter se hallaba en la misma recta, si bien la estrella del medio se apartaba un poquito hacia Septentrión. La más occidental era menor que las demás.

El último día, a la hora segunda, se veían dos estrellas orientales y una occidental:

Ori. ** ○ * Occ.

La intermedia de las orientales se alejaba de Júpiter 2 min,. 30 seg.; la más oriental, de esta última intermedia, 0 min., 30 seg., mientras que la occidental distaba de Júpiter 10 min. Se hallaban casi en la misma línea recta, elevándose tan sólo la más próxima a Júpiter un tanto hacia Septentrión. Mas a la hora cuarta,

Ori. ** ○ * Occ.

las dos orientales se hallaban aún más próximas entre sí, alejándose tan sólo 20 min. seg. En estas observaciones, la estrella occidental aparecía bastante pequeña.

El día primero de febrero, a la hora segunda de la noche, la disposición era como sigue:

Ori. * * ○ * Occ.

La estrella más oriental distaba de Júpiter 6 min. y la más occidental, 8. Por el lado de oriente, una estrella muy pequeña distaba de Júpiter 20 min. seg. Formaban una línea exactamente recta.

El día segundo se vieron las estrellas siguiendo este orden:

Ori. * O * * Occ.

La única oriental distaba de Júpiter 6 min. Júpiter se alejaba de la más próxima a occidente 4 min., siendo el intervalo entre ésta y la más occidental de 8 min. Estaban exactamente en la misma recta y eran casi de la misma magnitud. Con todo, a la hora séptima había cuatro estrellas:

Ori. * * O * * Occ.

ocupando Júpiter el sitio intermedio entre ellas. La más oriental de estas estrellas distaba de la siguiente 4 min. y ésta de Júpiter 1 min., 40 seg. Júpiter se alejaba de la más próxima hacia occidente 6 min. y ésta de la más occidental 8 min. Estaban todas por igual en la misma línea recta tendida según la longitud del Zodíaco.

El tercer día, a la hora séptima, se situaron las estrellas en esta sucesión:

Ori. ·* O * * Occ.

La occidental distaba de Júpiter 1 min., 30 seg.; la occidental más próxima 2 min., y de ésta distaba 10 min. otra más occidental. Estaban exactamente en la misma recta, siendo de igual magnitud.

El día cuarto, a la hora segunda, había en torno a Júpiter cuatro estrellas, dos a oriente y dos a occidente, situadas exactamente en la misma línea recta, como en la figura adjunta:

Ori. * * O * * Occ.

La más oriental distaba de la siguiente 3 min.; ésta se alejaba de Júpiter 0 min., 40 seg.; Júpiter de la próxima a occidente 4 min., y ésta de la más occidental 6 min. Las magnitudes eran casi iguales, aunque la más próxima a Júpiter aparecía un poco menor. Ahora bien, a la hora séptima las estrellas orientales distaban sólo 0 min., 30 segundos.

Ori. ** O * * Occ.

Júpiter se apartaba de la más próxima al oriente 2 min.; de la siguiente al occidente 4 min., y ésta distaba de la más occidental 3 min. Todas eran iguales y se hallaban en la misma recta siguiendo la Eclíptica.

El día quinto el cielo estuvo nublado.

El día sexto sólo aparecieron dos estrellas encerrando a Júpiter en el medio, tal y como se ve en la figura adjunta:

Ori. * O * Occ.

La oriental distaba de Júpiter 2 min., y la occidental 3 minutos. Formaban con Júpiter una línea recta, siendo de magnitud pareja.

El día séptimo había dos estrellas, ambas al oriente de Júpiter, dispuestas de este modo:

Ori. ** O Occ.

Los intervalos entre éstas y Júpiter eran iguales; a saber, de un minuto primero, pasando por ellas y el centro de Júpiter una línea recta.

El día octavo, a la hora primera, había tres estrellas, todas orientales, como en el dibujo:

Ori. • * * O Occ.

La más próxima a Júpiter, bastante pequeña, distaba de él 1 min., 20 seg. La del medio distaba de ésta 4 min.,

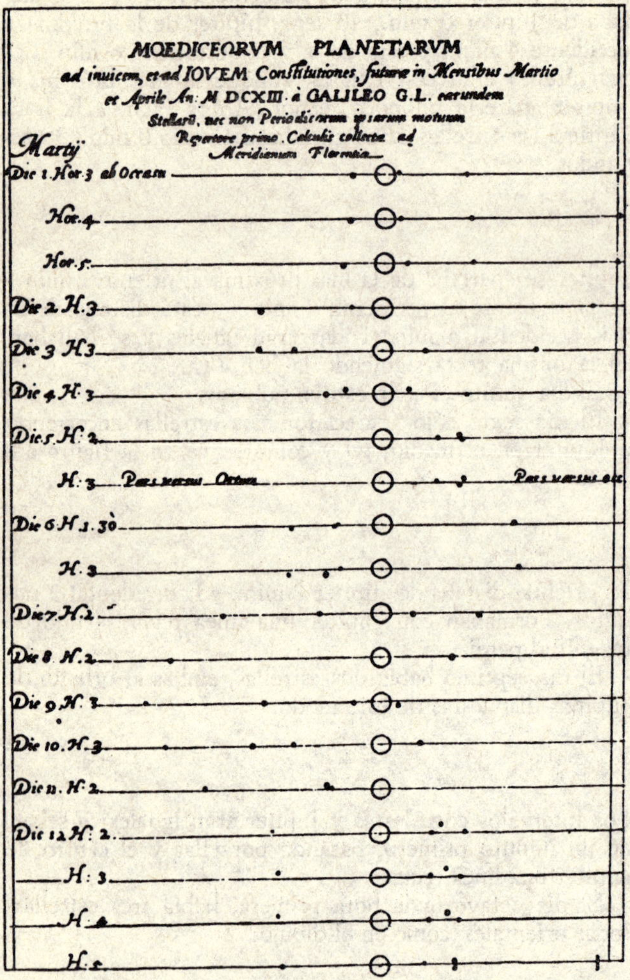

Cómputo de las posiciones de los satélites de Júpiter para los meses de marzo y abril de 1613 (Historia y demostraciones en torno a las manchas solares, *A. Favaro,* Opere, *Vol. V, pág. 241*).

siendo bastante grande, mientras que la más oriental, muy pequeña, distaba de ésta 0 min., 20 seg. No estaba claro si la más próxima a Júpiter era una sólo o dos estrellitas. A veces parecía que al oriente de ésta hubiese otra en extremo minúscula, alejada de ella tan sólo 0 min., 10 seg. Todas estaban en la misma línea recta, desplegadas siguiendo la dirección del Zodíaco. Mas, a la hora tercera, la estrella próxima a Júpiter casi lo tocaba, distando de él tan sólo 0 min., 10 seg. Sin embargo, las restantes se alejaron más de Júpiter, pues la del medio se apartaba 6 min. de Júpiter. A la hora cuarta, en fin, la que antes se hallaba más próxima a Júpiter, al unirse a él, ya no se distinguía.

El día nono, a las 0 horas, 30 min., había dos estrellas al oriente de Júpiter y una a occidente en tal disposición:

Ori. * * O * Occ.

La más oriental, que era bastante pequeña, distaba de la siguiente 4 min.; la del medio, mayor, se apartaba de Júpiter 7 min., y Júpiter distaba 4 min. de la occidental, que era pequeña.

El día décimo, a la hora primera y 30 min., se vieron dos estrellas muy pequeñas y ambas a oriente en la siguiente disposición:

Ori. * * O Occ.

La más lejana distaba de Júpiter 10 min. y la más próxima 0 min., 20 seg., estando en la misma recta. Mas a la hora cuarta la estrella más cercana a Júpiter ya no se veía, mostrándose la otra tan diminuta que a penas se podía distinguir, por más que el aire fuese muy claro. Además estaba más lejos de Júpiter que antes, pues distaba 12 min.

El día undécimo, a la hora prima, había dos estrellas hacia oriente y una hacia occidente. La occidental distaba

Ori. * * O * Occ.

de Júpiter 4 min., la oriental más próxima también se alejaba 4 min. de Júpiter, distando de ésta, la más oriental, 8 min. Eran bastante visibles y se hallaban en la misma recta. Mas a la hora tercera se vio una cuarta estrella próxima a Júpiter por el oriente, menor que las demás y separada de Júpiter por 0 min., 30 seg., y un poco desviada

Ori. * * *O * Occ.

al norte de la línea recta trazada por las otras estrellas. Todas eran brillantísimas y muy visibles. Mas a la hora quinta y media ya la estrella oriental próxima a Júpiter se había alejado de él, ocupando un lugar intermedio entre éste y la estrella más oriental próxima a ella. Todas estaban exactamente en la misma línea recta y eran de la misma magnitud, tal y como se puede ver en el dibujo adjunto:

Ori. * * * O * Occ.

El día duodécimo, a las 0 horas y 40 min., se encontraban dos estrellas a oriente y asimismo dos a occidente. La oriental más alejada de Júpiter distaba 10 min., hallándose a 8 min. la más apartada al occidente y siendo ambas

Ori. * *O* * Occ.

bastante conspicuas. Las otras dos se hallaban muy próximas a Júpiter, siendo muy pequeñas, especialmente la oriental, que distaba de Júpiter 0 min., 40 seg., mientras que la occidental distaba 1 min. Pero a la hora cuarta ya no se veía la estrellita que se hallaba junto a Júpiter por oriente.

El día decimotercero, a las 0 horas, 30 min., aparecían por oriente dos estrellas y dos más por occidente. La más

Ori. * * O ** Occ.

próxima a Júpiter por el oriente era muy visible, distando de él 2 min. La más oriental, menos visible, se apartaba de ella 4 min. De las occidentales, la más alejada de Júpiter, muy visible, se hallaba a 4 min. de él. Entre ésta y Júpiter se interponía una estrellita pequeña más próxima a la más occidental, pues no se apartaba de ella más de 0 min., 30 seg. Estaban todas exactamente en la misma recta siguiendo la longitud de la Eclíptica.

El día decimoquinto (pues el decimocuarto el cielo estuvo cubierto de nubes), a la hora primera, ésta era la posición de los astros:

Ori. ✳ ** ○ Occ.

Esto es, había tres estrellas al oriente, sin que se viese ninguna al occidente. La próxima a Júpiter por el oriente distaba de él 0 min., 50 seg. La siguiente distaba de ésta 0 min., 20 seg., y de ésta la más oriental 2 min., siendo mayor que las otras, pues las más próximas a Júpiter eran muy pequeñas. Mas hacia la hora quinta sólo se veía una de las estrellas cercanas a Júpiter, que distaba de Júpiter 0 min., 30 seg., mientras que la distancia desde la más

Ori. ✳ * ○ Occ.

oriental a Júpiter había aumentado, siendo ahora de 4 minutos. Pero a la hora sexta, además de las dos que, como se ha dicho, estaban situadas al oriente, se distinguía una

Ori. ✳ * ○ * Occ.

estrellita hacia occidente, muy pequeña y separada de Júpiter 2 min.

El día decimosexto, a la hora sexta, se dispusieron en este orden:

Ori. ✳ ○ ✳ ✳ Occ.

Esto es, la estrella oriental se apartaba de Júpiter 7 min., Júpiter de la siguiente occidental 5 min. y ésta de la restante de occidente 3 min. Eran todas aproximadamente de la misma magnitud, bastante visibles y exactamente en la mísma línea recta siguiendo el camino del Zodíaco.

El día decimoséptimo, a las 1 horas, había dos estrellas:

Ori. * O * Occ.

una oriental, a una distancia de 3 min. de Júpiter, y otra occidental, a una distancia de 10 min., siendo un tanto menor que la oriental. Mas a la hora sexta la oriental se hallaba más próxima a Júpiter, pues distaba 0 min., 50 segundos. Por el contrario, la occidental estaba más alejada, a saber, 12 min. En una y otra observación se hallaron en la misma recta, siendo ambas bastante pequeñas, especialmente la oriental en la segunda observación.

El día 18, a las 1 horas, había tres estrellas, dos de las cuales se hallaban a occidente y una al oriente. La oriental distaba de Júpiter 3 min. y la occidental próxima 2 min. La otra más occidental se apartaba de la del medio 8 min.

Ori. * O * * Occ.

Todas se hallaban exactamente en la misma recta y eran casi de la misma magnitud. Mas a la hora 2 las estrellas más próximas se apartaban de Júpiter intervalos semejantes, pues incluso la occidental se alejaba 3 min. Ahora bien, a la hora 6 se vio una cuarta estrellita entre la más oriental y Júpiter, formando la siguiente configuración:

Ori. * * O * * Occ.

La más oriental distaba de la siguiente 3 min., la siguiente de Júpiter 1 min., 50 seg., Júpiter de la occidental siguiente 3 min. y ésta de la más occidental 7 min. Eran casi iguales y tan sólo la oriental próxima a Júpiter era un poco menor que las restantes. Estaban además en la misma recta paralela a la Eclíptica.

El día 19, a las 0 horas y 40 min., tan sólo se vieron dos estrellas al oriente de Júpiter, bastante grandes, exac-

Ori. O * * Occ.

tamente en línea con Júpiter y dispuestas según el curso de la Eclíptica. La más próxima a Júpiter distaba 7 min. y ésta de la más occidental 6 min.

El día 20 el cielo estuvo nublado.

El día 21, a las 1 horas, 30 min., se veían tres estrellitas bastante pequeñas en esta disposición:

Ori. * O * * Occ.

La oriental se apartaba de Júpiter 2 min., Júpiter de la siguiente al occidente 3 min., y ésta de la más occidental 7 min. Se hallaban exactamente en la misma recta paralela a la Eclíptica.

El día 25, a las 1 horas, 30 min. (pues en las tres noches anteriores el cielo se hallaba cubierto de nubes), aparecieron tres estrellas:

Ori. * * O * Occ.

Dos al oriente, siendo iguales y de 4 min. sus distancias mutuas y respecto a Júpiter. La única occidental se alejaba de Júpiter 2 min. Se hallan exactamente en la misma recta siguiendo el curso de la Eclíptica.

El día 26, a las 0 horas, 30 min., sólo había dos estrellas:

Ori. * O * Occ.

Oriental la una, a una distancia de Júpiter de 10 min., y occidental la otra, distando 6 min. La oriental era un tanto menor que la occidental. Ahora bien, a la hora 5 se veían tres estrellas:

Ori. * O • * Occ.

En efecto, además de las dos ya señaladas, aparecía por occidente una tercera muy pequeña y próxima a Júpiter, que se escondía anteriormente bajo él, distando de Júpiter 1 min. Sin embargo, la oriental parecía más alejada que antes, pues distaba de Júpiter 11 min. Esta noche tuve el gusto de observar por vez primera el avance de Júpiter y los planetas adyacentes a lo largo del Zodíaco, por respecto a una determinada fija. En efecto, veíase una estrella fija hacia el oriente, a una distancia de 11 min. del planeta oriental y un poco apartada hacia el sur, a la manera siguiente:

Ori. * O * * Occ.

* fija

El día 27, a las 1 horas, 4 min., aparecían las estrellas en esta disposición:

Ori. * * O * * Occ.

* fija

La más oriental distaba 10 min. de Júpiter; la siguiente, próxima a Júpiter, 0 min., 30 seg.; la siguiente a occidente se alejaba 2 min., 30 seg., y la más occidental distaba de ésta 1 min. Las más próximas a Júpiter aparecían de pequeño tamaño, especialmente la oriental, mientras que las de los extremos eran muy visibles, sobre todo la occidental. Formaban una línea recta exacta siguiendo el curso de la Eclíptica. El avance de estos planetas hacia el este se apreciaba claramente por relación a la mencionada fija, dado que Júpiter con los planetas acompañantes estaba más próximo a ella, tal y como se puede ver en la figura adjunta. Mas a la hora 5 la estrella oriental próxima a Júpiter se apartaba de él 1 min.

El día 28, a la hora 1, sólo se veían dos estrellas, distando la oriental de Júpiter 9 min. y la occidental 2 min. Eran bastante conspicuas y se hallaban en la misma recta, en la que incidía perpendicularmente la fija sobre el planeta occidental, como en la figura:

Ori. * O * Occ.

* fija

Mas a la hora 5 se vio una estrellita que distaba de Júpiter por el oriente 2 min., en la siguiente disposición:

Ori. * * O * Occ.

El día 1 de marzo, a las 0 horas, 40 min., viéronse cuatro estrellas, todas al oriente, de las que la más próxima a Júpiter se apartaba de él 2 min., la siguieinte de ésta 1 min., la tercera 0 min., 2 seg., siendo más clara que las demás. De ésta distaba la más oriental 4 min., siendo más pequeña que las restantes. Trazaban aproximadamente una línea recta, excepto en que la tercera desde Júpiter se desviaba un poco. La fija formaba con Júpiter y la más oriental un triángulo equilátero, como en la figura:

Ori. * * * * O **Occ.**

* fija

El día, 2, a las 0 horas, 40 min., había tres planetas, dos al oriente y uno a occidente, en la siguiente disposición:

Ori. * * O * **Occ.**

* fija

El más oriental se apartaba de Júpiter 7 min., distando de él el siguiente 0 min., 30 seg., alejándose el occidental de Júpiter 2 min. Los de los extremos eran más brillantes y mayores que el restante que aparecía muy pequeño. El más oriental parecía un poco desviado hacia el norte de la línea recta trazada por los otros y Júpiter. La fija ya señalada distaba 8 min. del planeta occidental, según la perpendicular trazada por dicho planeta a la línea recta que atraviesa todos los planetas, tal y como muestra la figura adjunta.

He tenido a bien consignar estas relaciones de Júpiter y los planetas adyacentes con la fija para que todos puedan comprobar mediante ellas que el movimiento de estos planetas tanto en longitud como en latitud concuerda exactamente con los movimientos que se encuentran en las tablas.

Conclusiones

Estas son las observaciones de los cuatro Planetas Medíceos por mí descubiertos recientemente por vez primera, mediante los cuales, por más que sus períodos aún no se puedan conocer numéricamente, es posible al menos señalar observaciones dignas de consideración. El primer lugar, puesto que unas veces siguen y otras preceden a Júpiter con intervalos similares, alejándose de él ora hacia el orto, ora hacia el ocaso tan sólo con desviaciones pequeñísimas [46] y acompañándolo no sólo en su movimiento directo, sino también en el retrógrado, para nadie puede ofrecer duda que realizan sus revoluciones en torno a él, al tiempo que todos a una cumplen sus períodos de doce años en torno al centro del mundo. Giran además en círculos desiguales, cosa que deriva manifiestamente del hecho de que, en los mayores alejamientos respecto a Júpiter, nunca se pueden ver dos planetas juntos, siendo así que cerca de Júpiter se pueden hallar concentrados a la vez dos, tres e incluso todos. Despréndese también que son más veloces los giros de los planetas que describen círculos más estrechos en torno a Júpiter, pues las estrellas más próximas a Júpiter se ven más a menudo al oriente después de haber aparecido a occidente el día anterior y viceversa. Además, examinando atentamente las revoluciones arriba anotadas, parece que el planeta que recorre la órbita mayor posee períodos semimensuales. Tenemos aquí

[46] Esto es, unos 12′ o 13′.

un argumento notable y óptimo para eliminar los escrúpulos de quienes, aceptando con ecuanimidad el giro de los planetas en torno al Sol según el sistema copernicano, se sienten con todo turbados por el movimiento de la sola Luna entorno a la Tierra, al tiempo que ambas trazan una órbita anual en torno al Sol, hasta el punto de considerar que se debe rechazar por imposible esta ordenación del universo[47]. En efecto, ahora tenemos no ya un planeta girando en torno a otro al tiempo que ambos recorren una gran órbita en torno al Sol, sino ciertamente cuatro estrellas que, como la Luna alrededor de la Tierra, nuestros sentidos nos ofrecen errando en torno a Júpiter, a la vez que todos ellos recorren junto con Júpiter una gran órbita en torno al Sol en el lapso de doce años. No hay que olvidar tampoco la razón de que los Astros Medíceos, que realizan revoluciones muy pequeñas en torno a Júpiter, aparezcan en ocasiones de un tamaño más del doble. No podemos buscar la causa en los vapores terrestres, pues aparecen aumentados o disminuidos, mientras que el tamaño de Júpiter y de las fijas próximas no parece cambiar nada. No parece que se pueda opinar en absoluto que la causa de tal cambio estribe en que se acerquen y se alejen de la Tierra en el perigeo y apogeo de su revolución, pues un movimiento circular ceñido no puede ser la causa de ello. Por otro lado, un movimiento oval[48] (que en este

---

47 Primera defensa pública de la doctrina de Copérnico, no mediante hipótesis astronómicas indirectas que salven mejor los fenómenos, sino mediante argumentos observacionales, lo que constituye una notable novedad. Según la tradición aristotélica, un cuerpo perfecto como son los celestes no podía presentar dos movimientos, pues entre otras cosas debía distar siempre lo mismo del centro del mundo, ya que el éter de que constan, no siendo ni ligero ni pesado, no puede caer ni ascender, acercándose o alejándose del centro.

48 Es muy dudoso que Galileo aluda aquí a la teoría astronómica de Kepler publicada el año anterior en la *Astronomía nueva,* en la que establece su segunda ley sobre las órbitas elípticas. Existían construcciones anteriores sobre trayectorias ovales para la Luna y Venus o para Mercurio, como ocurre en el libro de G. Peurbach *Nuevas teóricas de los planetas,* de finales del siglo XV, reeditado frecuentemente hasta fines del XVI.

caso sería casi rectilíneo) parece no sólo impensable, sino también nada consonante con las apariencias. Expongo de grado lo que a este respecto se me ocurre, ofreciéndolo directamente al juicio y censura de los espíritus filosofantes. Sábese que, debido a la interposición de los vapores terrestres, el Sol y la Luna aparecen mayores, si bien los planetas y las fijas aparecen menores. De ahí que junto al horizonte esas luminarias sean mayores, mientras que las estrellas son menores y por lo común poco visibles, disminuyendo más aún si dichos vapores están inundados de luz, razón por la cual las estrellas aparecen notablemente débiles de día y en los crepúsculos, contrariamente a la Luna, como advertimos más arriba. Además, que no sólo la Tierra, sino también la Luna tiene alrededor una esfera vaporosa, se sabe no sólo por lo que más arriba hemos dicho, sino también y sobre todo por cuanto se explica más profusamente en nuestro sistema [49]. El mismo juicio podemos aplicar convenientemente a los restantes planetas, de modo que no parece en absoluto impensable que también haya en torno a Júpiter una esfera más densa que el éter restante y en derredor de la cual giren los planetas MEDICEOS al modo de la Luna en torno a la esfera de los elementos [50], de manera que, por la interposición de dicha esfera, aparezcan menores en el apogeo y mayores en el perigeo en virtud de la eliminación o tenuación de dicha esfera [51]. La falta de tiempo me impide proseguir; espere el amable lector más acerca de estas cosas en breve.

---

[49] En el *Diálogo sobre los sistemas máximos,* Galileo no vuelve sobre el tema de la atmósfera lunar, acusando quizá las críticas de Kepler; véase más abajo, p. 132.

[50] La esfera de los cuatro elementos, fuego aire, agua y tierra, aproximadamente en este orden, alcanza desde la órbita de la Luna hasta el centro del mundo, según la cosmología aristotélica. Galileo la menciona como expresión hecha, sin prestar credibilidad alguna a la cosmología subyacente.

[51] Kepler aducirá otra explicación distinta más débil si cabe que ésta; véase más abajo, pp. 150 y ss. La variación del brillo aparente de los satélites se debería más bien a diferencias de reflectancia y color entre sus hemisferios. (Como la Luna, dan una vuelta sobre sí mismos en el período de una revolución en torno a Júpiter, presentándole siempre la misma cara.)

3. Kepler: *Conversación con el mensajero sideral*

Nota sobre la traducción

Hemos traducido el opúsculo de Kepler a partir de la edición clásica de Ch. Frisch: Johannes Kepler, *Opera Omnia,* vol. II (1859), pp. 485-506, teniendo en cuenta el vol. IV de las *Gesammelte Werke* (Munich, 1937 y ss.), editado por F. Hammer, páginas 281-311. Asimismo nos hemos beneficiado del trabajo erudito de E. Rosen, *Kepler's Conversation With Galileo's Sidereal Messenger* (Londres, Nueva York, Johnson Reprint, Co., 1967).

Aunque todas las citas que hace Kepler de sus obras se refieren, como es natural, a las páginas de las ediciones originales, hemos tomado la decisión de dar las páginas del vol. II de la edición de Frisch, más accesible al lector actual. Asimismo, las referencias a las páginas de la edición veneciana de 1610 de *La gaceta sideral* se han sustituido por las de este libro.

Hemos traducido mal adrede el título de la obra de Galileo al que se alude en el de ésta, a fin de mantener el malentendido histórico de Kepler (recuérdese lo dicho al respecto en la nota a la traducción que precede a *La gaceta sideral).*

Finalmente, como en el caso de *La gaceta,* nos hemos tomado la libertad de dividir los párrafos de esta obra poniéndoles nosotros un título en cursiva (que no siempre hace justicia a la desbordante capacidad de digresión del autor).

IOANNIS KEPLERI
Mathematici Cæsarei

DISSERTATIO

Cum

NVNCIO SIDEREO
nuper ad mortales misso
à
GALILÆO GALILÆO
Mathematico Patavino.

Alcinous.
Δεῖ δ' ἐλευθέριον εἶναι τῇ γνώμῃ τὸν μέλλοντα φιλοσοφεῖν.

Cum Privilegio Imperatorio.

P R A G Æ,
TYPIS DANIELIS SEDESANI.
Anno Domini, M.DC.X.

CONVERSACION

de JUAN KEPLERO

Matemático Imperial
con

EL MENSAJERO SIDERAL

recientemente enviado a los mortales
por

GALILEO GALILEI

Matemático paduano

ALCINOUS

Δεῖ ἐλευθέριον εἶναι τῇ γνωμῃ τον μέλλοντα φιλοσφεῖν [1]

Con el privilegio imperial,

EN PRAGA,

Imprenta de Daniel Sedesanus

El Año del Señor de 1610

[1] Albino: «El que quiera filosofar ha de menester ser libre.»

AL ILUSTRISIMO Y REVERENDISIMO
Señor
JULIANO DE MEDICIS
EMBAJADOR
DEL SERENISIMO GRAN DUQUE DE TOSCANA
ante la Sagr. Maj. Imp.,
Señor mío respetabilísimo

Ilustrísimo señor, nadie hay mejor que Vuestra Ilustrísima Señoría para dedicar esta mi carta ya entregada a la imprenta, dirigida a Galileo Galilei, profesor de matemáticas en la celebérrima universidad paduana, acerca de su Mensaje sideral. *La pergeñé a instancias vuestras, al enviarme primero un ejemplar del* Mensajero sideral *a través de Tomás Seget el día 8 de abril y al recibirme luego el día 13. Cuando acudí, me comentasteis la petición de Galileo en las cartas a vos enviadas, añadiendo vuestro estímulo. Habiendo tomado en cuenta estas cosas, prometí elaborar algo para el día en que suelen salir los correos, lo que cumplí. Mas aunque ya tuviese conocimiento de ello, hace poco me pedisteis que os permitiese leer una copia de la carta si es que la conservaba, dado que aunque os la di abierta, no habíais podido verla por las ocupaciones de aquel día; cosa que de nuevo prometí hacer tan pronto como la entregara al público. La redacté primero y, ya entregada a la imprenta, me sentí muy satisfecho de que Galileo, a quien la destinaba, fuese servidor de los Medici y de que el enviado del Príncipe Medíceo, Gran*

Duque de Toscana, también él de estirpe Medícea, me pidiese tal cosa; y también en fin de que el tema acerca del cual había de escribir fuese tal que (a decir verdad) el honor del nombre Medíceo se incluyese en el plan del autor.

Recibid pues, Ilustrísimo señor, la carta publicada a partir de la privada propia de Galileo, que es ahora vuestra por pública dedicatoria. Y merced a tal dedicatoria, sabeos de mi afición a proclamar después de Galileo la verdad y la grandeza, que sólo en ella florece, del Principado Medíceo. Considerad mi ánimo totalmente dispuesto a complacer a Vuestra Ilustrísima Señoría, contándome en fin entre vuestros servidores. Salud; 3 de mayo del año de Nuestro Señor Jesucristo, 1610.

Entregado a la obediencia
de Su Ilma. Sría.

Juan Keplero
Matemático de la Sagr. Maj. Imp.

Advertencia al lector

Dado que muchas personas esperaban una declaración mía acerca del Mensajero sideral de Galileo, he tenido a bien satisfacer a todos mediante el expediente de dar a la imprenta la carta enviada a Galileo (evacuada con mucha prisa [2] para el día prescrito en medio de obligadas ocupaciones).

Más, una vez salida a la luz, los amigos me advirtieron que parecía concebida un tanto impertinentemente. Uno quería cercenar el exordio [3]; otro hubiera querido mitigar algunas expresiones que los incautos pudiesen creer que atribuían a mi antagonista algunas opiniones ajenas al uso

---

[2] Galileo envió a Kepler, a través del embajador de Toscana en Praga, un ejemplar de *La gaceta sideral.* Asimismo escribió una carta al embajador recabando sus oficios para que Kepler escribiese un comentario sobre el libro. El embajador hizo llegar a Kepler el libro el día 8 de abril junto con una cita para el día 13, en la que lo insta a satisfacer el deseo de Galileo, cosa que hace Kepler a toda prisa para aprovechar el correo que salía el día 19, prisa que explica algunos errores poco importantes de interpretación que se perpetúan en esta versión dada a la imprenta.

[3] Véase más abajo, al comienzo de la *Conversación,* pp. 99 y ss.

de los escolásticos. No faltaba incluso quien deseaba que alabase menos a Galileo, a fin de dejar paso a las opiniones de muy afamados varones que, según oyen decir, piensan distinto que yo.

Así pues, tomé esta determinación de advertir al lector de que cada quien tiene sus gustos y que muchos se excitan al discutir, mientras que yo estimo que el buen humor es el más grato condimento de las controversias. Otros, al tratar de filosofía, fingen dignidad con lo grave de sus aseveraciones, por más que sin pretenderlo se muestren a menudo ridículos. Yo creo estar hecho de tal manera por la propia naturaleza que tiendo a atemperar la aridez y la dificultad de la doctrina con un talante amable que se refleja en el estilo.

Por lo que atañe al exordio, recuerde el lector que se escribió para quien hubiese leído mi prefacio a los recientemente editados Comentarios de Marte, pues el juego o broma militar a que recurría en aquella obra pública ha continuado también con no menos acierto en este exordio a una carta privada [4].

La misma respuesta se aplica a la otra crítica. Finjo por obra de la fantasía una contienda entre enemigos, luchas, el triunfo del vencedor, terribles amenazas; el castigo del vencido, la ignominia, cadenas, cárceles, el exilio. Todo lo cual se ofrece en serio como si unos y otros defendiesen sus opiniones cual si de la religión y la patria se tratase. Mas no es preciso advertir a los académicos (y que los demás reflexionen por lo menos) qué cosa es *defender la propia posición,* pues cuando alguien lo hace, toma como suyo no sólo lo verdadero y aceptado, sino también lo absurdo y falso (con frecuencia, en las escue-

---

[4] Se trata de la *Astronomía nueva, por causas, o física celeste, tratada en los comentarios sobre los movimientos de la estrella Marte a partir de las observaciones de Tycho Brahe* (etc.), Heidelberg, 1609, que contiene las dos primeras leyes de Kepler sobre la proporcionalidad de los períodos y áreas, así como sobre las órbitas elípticas. Está redactada frecuentemente con el tono de partes de campaña de la guerra mantenida por Kepler contra Marte, el dios de la guerra, que al fin sucumbe desvelando los secretos de su órbita.

las, también lo impío, pernicioso y blasfemo) y, según las exigencias del discurso, confesará o que así le parece, o que lo cree, lo establece, lo prueba o lo habrá de demostrar. Y aunque nada de ello crea, simplemente dará al otro ocasión de ejercitarse en la defensa de la verdad. De este modo resulta más divertida la disputa, cuando alguien más ingenuo se ve desplazado de la posición verdadera por la imprevista afirmación del contrario, viéndose obligado a defender lo que nunca pensó que precisase defensa.

Por lo que respecta al tercer tipo de objeción, ciertamente no escribí nada adulador acerca de Galileo, pues siempre he tenido por costumbre alabar cuanto me ha parecido bueno en lo que otros dicen, refutando lo malo. Nunca desprecio ni silencio el saber de los demás cuando no lo tengo propio; nunca me arrastro ante los demás ni me rebajo cuando descubro algo mejor o antes con mi propio esfuerzo. Tampoco pienso que yo, un alemán, deba tanto a un italiano como Galileo que haya de adularlo a mi vez en detrimento de la verdad o de mis más profundas creencias.

Ahora bien, que nadie crea que al asentir con esta mi liberalidad a Galileo, deseo impedir a otros la libertad de discrepar de él. Lo he alabado con sano juicio, y por más que haya emprendido aquí la defensa de algunas creencias propias, lo he hecho convencido de su verdad y con intención seria, si bien prometo rechazarlas solemnemente tan pronto como alguien más sabio que yo me demuestre el error con un procedimiento legítimo.

AL NOBLE Y EXCELENTISIMO SEÑOR
GALILEO GALILEI
Patricio florentino,
Profesor de Matemáticas en la Universidad de Padua
JUAN KEPLERO
Matemático de la Sagr. Maj. Imp.
Un cordial saludo

Hace ya tiempo, eximio Galileo, que permanezco en casa inactivo sin pensar más que en ti y en tus cartas. Una vez salido a la luz la feria pasada mi libro titulado Comentarios sobre los movimientos de Marte [5] conteniendo el trabajo de muchos años, desde ese momento, cual si hubiese logrado bastante gloria en una dificilísima expedición bélica, concedí algún descanso a mis estudios, considerando que entre otros también tú, Galileo, el más capaz de todos, discutirías conmigo por carta las novedades publicadas sobre astronomía o física celeste, reanudando así una correspondencia interrumpida hace doce años [6].

---

[5] Los *Comentarios sobre Marte,* como llama Kepler abreviadamente a la *Astronomía nueva* (véase el título completo en la nota anterior), apareció en la feria de libros de Frankfort en el otoño de 1609.

[6] Kepler y Galileo mantuvieron una breve correspondencia con ocasión del libro de aquél, *Precursor de las disertaciones cosmográficas que contiene el misterio cosmográfico sobre la admirable proporción de las esferas celestes, las causas del número de los cielos, su magnitud y movimientos periódicos propios y genuinos,*

Origen de este escrito

Mas hete aquí que el 15 de marzo llegan inesperadamente a Alemania noticias de que mi Galileo, en lugar de leer libros ajenos, se ha ocupado de un tema por completo inusitado relativo a cuatro planetas anteriormente desconocidos (dejando aparte otros temas del opúsculo), descubiertos mediante una doble lente. El Ilustre Consejero de la Sagrada Majestad Imperial y Refrendario del Sagrado Consistorio Imperial, el señor J. Mateo Wackher de Wakhenfelss [7], habiéndome anunciado estas cosas desde su carruaje, a la puerta de mi casa, despertó en mí tanto asombro ante la consideración de esta extrañísima revelación y tanta impresión nos causó (dado que inesperadamente se resolvía una vieja discrepancia entre nosotros habida) que él con alegría, yo con vergüenza y ambos presa de la risa, apenas podíamos él hablar y yo escuchar. Mi asombro aumentaba con la afirmación de Wackher de que había varones muy notables y muy alejados de la vanidad popular por su saber, seriedad y ecuanimidad que propalaban estas cosas de Galileo, hallándose ya en la imprenta su libro, que llegaría con los próximos correos.

Tan pronto como dejé la compañía de Wackher, quedé sumamente impresionado por la autoridad de Galileo, derivada de la rectitud de su juicio y de la sutileza de su ingenio. Así, me puse a meditar para mí cómo podría aumentarse en algo el número de los planetas dejando a

---

demostrado mediante los cinco cuerpos geométricos regulares (etc.), Tubinga, 1596. (Se suele abreviar el título hablando del *Misterio cosmográfico* o del *Prodromus.)* La última carta de Kepler, del 13 de octubre de 1597, en la que pedía la opinión de Galileo sobre el libro, no recibió respuesta, casi con toda seguridad porque Galileo pensaba lo peor de las salvajes especulaciones empíricamente gratuitas de Kepler.

7 Johan Mattäus Wackher (1550-1619), amigo de Kepler, a quien éste dedicó su trabajo sobre los cristales de nieve. Adicto a la doctrina bruniana de la pluralidad de los mundos, interpretó erróneamente las noticias sobre los descubrimientos de Galileo de los astros Medíceos, creyendo que se trataba de planetas de otro sistema solar. Véase más abajo, la p. 102.

salvo mi Misterio cosmográfico, que había dado a la luz trece años antes y en el que aquellas cinco figuras de Euclides que Proclo, siguiendo a Pitágoras y Platón, denomina cósmicas, no admiten más que seis planetas en torno al Sol[8].

Ahora bien, en el prefacio de dicho libro se ve que yo buscaba entonces, aunque en vano, más planetas en torno al Sol[9].

Mientras cavilaba, ocurrióseme lo siguiente, que a toda prisa comuniqué a Wackher: del mismo modo que la Tierra, uno de los planetas (según Copérnico), tiene su Luna aparte girando en torno a sí, perfectamente pudiera ocurrir que Galileo viese otras cuatro Lunas diminutas rodeando con estrechísimas órbitas los pequeños cuerpos de Saturno, Júpiter, Marte y Venus, si bien Mercurio, el último planeta circunsolar, se halla tan inmerso en los rayos

---

[8] En el *Misterio cosmográfico,* Kepler intenta demostrar que el número y distancias al Sol de los planetas obedecen a un plan geométrico divino que Copérnico no había sabido descubrir y que habría de ser su gran contribución a la ciencia; esto es, no sólo hay que saber *cómo* son las cosas, sino también *por qué* son así, lo que entraña averiguar los planes del creador. Su idea básica es que el número y distancias al Sol de los planetas deriva de que el mundo se construyó de acuerdo con los cinco sólidos regulares que explican por qué hay *seis y sólo seis planetas* (sólo hay entre ellos cinco intersticios para esos polígonos) y por qué se hallan a esas distancias del Sol (las permitidas al inscribir los polígonos en la esfera que contiene la órbita circular del planeta superior, circunscribiendo a su vez la esfera del inferior, según este orden: esfera de Saturno / cubo / esfera de Júpiter / tetraedro / esfera de Marte / dodecaedro / esfera de la Tierra / icosaedro / esfera de Venus / octaedro / esfera de Mercurio).

[9] En sus intentos de hallar la razón platónica del orden y número de los planetas, Kepler gestó varias conjeturas que trataba de hacer encajar en el sistema solar, postulando incluso la existencia de nuevos planetas. Como él mismo dice con toda ingenuidad en el prefacio del *Misterio cosmográfico,* «al no tener fortuna ésta [conjetura], intenté otra vía no menos admirable que audaz. Interpuse un nuevo planeta entre Júpiter y Marte y aún otro entre Venus y Mercurio que tal vez no viésemos por su pequeñez, asignándoles sus tiempos periódicos».

solares [10] que Galileo no habría podido captar en él nada semejante.

Por el contrario, Wackher creía que sin duda estos nuevos planetas giraban en torno a algunas de las estrellas fijas (cosa que hacía ya mucho tiempo me había aducido basándose en las especulaciones del cardenal de Cusa y Giordano Bruno), de modo que si hasta ahora se habían ocultado allí cuatro planetas, ¿qué nos habría de impedir creer que tras este exordio se habrían de detectar allí a continuación muchísimos otros? Por tanto, o el mundo éste es infinito, como querían Meliso y el autor de la filosofía magnética, Guillermo Gilberto [11], o como pensaban Demócrito y Leucipo y, entre los más modernos, Bruno y Brutio [12], amigos tuyo y mío, Galileo, hay otros infinitos mundos (o Tierras, como dice Bruno) semejantes a este nuestro.

Tal era mi opinión y tal era la suya mientras aguardábamos esperanzados y con sumo anhelo el libro de Galileo.

Me cupo en suerte echar un vistazo y hojear sumariamente el primer ejemplar con permiso del Emperador [13]. Veo *grandes y muy admirables maravillas propuestas a los filósofos y astrónomos y, si no me equivoco, a mí también; veo que todos los amantes de la verdadera filosofía son invitados a emprender la contemplación de grandes cosas.* Tras esta invitación, animado ya a entregarme

---

10 Mercurio se halla tan sólo a 58×10^6 Km. del Sol, por lo que desde la Tierra siempre aparece a su lado, a una distancia angular máxima (elongación) de sólo 27° 45′. Como la luz del día impide su observación, sólo se ve inmediatamente antes de la salida del Sol o después de la puesta, y hallándose entonces junto al horizonte, la atmósfera hace aún más difícil la observación.

11 William Gilbert, *Tratado o nueva fisiología sobre el imán, los cuerpos magnéticos y el gran imán terrestre* (1600), libro VI, cap. 3.

12 Edmund Bruce, inglés chismoso que hacía de correveidile, hablando a Kepler mal de Galileo a cuento del *Misterio cosmográfico.*

13 Rodolfo II recibió su ejemplar antes que Kepler.

a estos temas sobre los que había escrito hacía seis años [14], deseaba tratar amablemente contigo, ingeniosísimo Galileo, acerca de los tesoros ocultos que Dios creador nos descubre uno tras otro. ¿Quién podría permanecer callado ante tantas nuevas? ¿Quién no se sentiría colmado por la abundancia del amor divino que copiosamente se desborda por la lengua y la pluma?

Me impulsaban aún más las órdenes del Muy Augusto *Emperador Rodolfo,* quien esperaba mi opinión sobre este tema. Mas ¿qué diré acerca de Wackher? Al ir a verlo sin el libro confesándole haberlo leído, enfadóse conmigo e incluso reñimos, si bien al fin decidimos no retrasar los esfuerzos para llegar a dominar lo más posible el tema. Mientras meditaba la cuestión, llegaron tus cartas al embajador del Ilustrísimo Gran Duque de Toscana, llenas de afecto hacia mí, haciéndome el honor de enviarme un ejemplar y adjuntar una nota, teniendo a bien invitarme a escribir por medio de persona tan notable, cosa que hizo en tu nombre con gran amabilidad, tomándome muy benévolamente bajo su protección.

Así pues, lo haré por propio deseo, a instancias de los amigos y porque tú mismo me lo urges, esperando ardientemente que ésta mi carta te sirva, si tienes a bien mostrarla, para proceder con el apoyo de un partidario [15] en contra de los atrabiliarios enemigos de las novedades, a quienes se les antoja increíble, profano y nefando cuanto desconocen y cuanto excede los límites acostumbrados de las minucias aristotélicas.

---

[14] En los *Añadidos a Vitelo, de los que se trata en la parte óptica de la Astronomía, especialmente de la ingeniosa observación y estimación de los diámetros y eclipses del Sol y la Luna* (etc.), Frankfort, 1604. (Vitelo, matemático y óptico polaco nacido hacia 1230, es famoso por su tratado de óptica, *Perspectiva,* 1270.) Los primeros cinco capítulos de la *Optica* (como el propio Kepler resume el largo título) tratan de las lentes y la visión en general, aplicándose en los restantes a las observaciones astronómicas.

[15] Como reconocía Galileo en una carta (10 de agosto de 1610), Kepler era el primero, si no el único, que había aceptado sus descubrimientos.

Confianza en las observaciones de Galileo

Quizá pueda parecer temerario por mi parte aceptar con tanta alegría tus afirmaciones, sin el apoyo de experiencias propias. Mas ¿por qué no habría de creer a tan docto matemático, cuya misma forma de escribir atestigua la rectitud de su juicio, que huye de la vanidad y de afirmar haber visto lo que no vio en busca del aplauso popular, no dudando, en aras de la verdad, en rechazar las ideas más tradicionales, soportando con indiferencia los vituperios del vulgo? ¿Acaso podría ocultar la realización de algo condenable quien públicamente escribe? ¿Acaso habría yo de negar credibilidad a un patricio florentino acerca de aquello que ha visto? ¿Yo, un miope, a una persona de vista penetrante? [16] ¿A quien dispone de instrumentos ópticos, yo, desprovisto y carente de utensilios? ¿No habré de creer a quien a todos invita a ver las mismas maravillas y, lo que es más importante, a quien ofrece su propio instrumento para convencer a los ojos?

¿Por ventura es una fruslería tomar el pelo a la familia de los Grandes Duques de Toscana, otorgando el nombre de los Médici a sus ficciones que ofrecería como genuinos planetas?

¿Por qué tengo por muy verdadera una parte del libro en virtud de experiencias propias y afirmaciones de otros? ¿Existe causa alguna por la que determinase engañar al mundo tan sólo con cuatro planetas? Hace ya tres meses que el Augustísimo Emperador me planteó diversas preguntas acerca de las manchas de la Luna, afirmado en la opinión de que las imágenes de las tierras y continentes

---

[16] Kepler no sólo sufría de miopía, sino también de poliopía (veía doble e incluso triple), lo que para ser astrónomo no está nada mal. Como confesará más adelante (p. 135), veía la estrella Sirio casi del tamaño de la Luna. La visión penetrante de Galileo quedó confirmada por una feliz coincidencia cuando el 25 de abril de 1611 fue elegido miembro de la Academia de los Linces, título del que siempre se sintió muy orgulloso. Véase el frontispicio de la *Historia y demostraciones en torno a las manchas solares;* más abajo, p. 156.

resplandecían en la Luna como si se tratase de un espejo [17]. Alegaba en concreto que le parecía ver proyectada Italia con sus dos islas adyacentes. Incluso ofreció su anteojo para contemplarla los días siguientes, lo que, sin embargo, no se hizo. Al mismo tiempo, poniendo de manifiesto con tu nombre, Galileo, la patria de Cristo Nuestro Señor, competías en tu campo predilecto con el Monarca del orbe cristiano [18] (mostrando su misma inquietud en la investigación de la naturaleza).

Con todo, esta historia de las manchas de la Luna es antiquísima, apoyándose en la autoridad de Pitágoras y el gran filósofo Plutarco, el cual, si ello viene al caso, detentó bajo los Césares el mando del Epiro en calidad de procónsul. Pasaré por alto a Maestlin [19], así como mi *Optica,* editada hace seis años, dejándolos para más adelante, en el lugar que les corresponde.

Así pues, estas cosas relativas al cuerpo de la Luna que también otros afirman con testimonios concordantes, coinciden con lo que dices en tus enormemente esclarecedoras observaciones. Tan lejos estás de que no me fíe de ti por lo que respecta al resto del libro y los cuatro planetas joviales, que desearía por encima de todo disponer ya de un anteojo para anticiparme a ti en el descubrimiento de otros dos en torno a Marte (como me parece que exige la proporcionalidad), seis u ocho en torno a Saturno y quizá uno en torno a Venus y otro en torno a Mercurio [20]. Por lo que atañe a Marte, el momento más adecua-

---

[17] Opinión más o menos común que se lee en el libro de Plutarco *Del rostro en el orbe de la Luna.*

[18] Rodolfo II observó con el telescopio las manchas de la Luna a comienzos de 1610.

[19] Michael Maestlin (1550-1631) fue primero maestro de Kepler y luego uno de sus principales corresponsales.

[20] Como señalábamos en la nota 8, Kepler no se conforma con los hechos brutos y busca siempre la armonía cósmica que explique por qué son así. De este modo, no puede ser casual que Júpiter tenga cuatro satélites, sino que debe de haber una razón matemática cosmológica. Es para él evidente que el número de satélites de los planetas debe seguir una cierta proporcionalidad: puesto que la Tierra tiene uno y Júpiter cuatro, el planeta que se halla entre ambos, Marte, debe de tener dos; pero no sabe cuántos ten-

do para esta investigación será el próximo octubre, que presenta a Marte en la oposición al Sol y en su mayor proximidad a la Tierra (aparte del año 1608), con un error de cálculo de tres grados.

Plan a seguir en este escrito

Así pues, Galileo, cambiaré impresiones contigo sobre cosas certísimas vistas, como ardientemente espero, con mis propios ojos. Seguiré tu libro como hilo conductor, si bien haré a la vez digresiones sobre todas las áreas filosóficas que este mensajero tuyo o bien amenaza destruir o bien confirma y aclara. De este modo, nada habrá que deje en suspenso al lector con aficiones filosóficas, impidiéndole confiar en ti o impulsándolo a menospreciar la filosofía hasta entonces aceptada.

Optica del telescopio

El primer capítulo de tu opúsculo versa acerca de la estructura del anteojo, cuya potencia es tal que muestra los objetos observados con una superficie mil veces mayor, cosa que ocurre cuando el diámetro se muestra treinta y dos veces más largo. Ahora bien, si la capacidad estimativa mantiene la impresión de la magnitud normal del objeto, entonces es preciso que éste le parezca treinta y dos veces más próximo. En efecto, como se enseña en óptica, el ojo no ve la distancia, sino que la conjetura. Suponte, pues, que un hombre que se halla a una distancia de 3.200 pasos se ve bajo un ángulo 32 veces mayor, y que otro a 100 pasos se ve sin ayuda del anteojo. Pues-

---

drá Saturno, si seis u ocho, pues la progresión puede ser aritmética (: 1, 2, 4, 6) o geométrica (: 1, 2, 4, 8). Como los planetas inferiores no pueden tener fracciones de satélite, les concede graciosamente uno a cada uno. De ahí su interpretación del jeroglífico de Galileo sobre el «anillo» de Saturno; cf. el Apéndice I, 2, documento 2, p. 179.

to que el ojo tiene por cierto que el hombre alejado tiene la altura ordinaria, pensará que no se halla a más de 100 pasos, contribuyendo a ello la nitidez de la visión suministrada por el anteojo. A muchos se les antoja increíble empresa un anteojo tan eficaz, por más que no se trate de nada imposible o novedoso ni haya sido recientemente descubierto por un belga, pues lo anunció hace ya muchos años J. Bautista Porta en el libro XVIII, capítulo 10, de su Magia natural [21] sobre los efectos de la lente de cristal. Y para que se vea que no es una novedad la combinación de una lente cóncava con otra convexa, reproduciremos las palabras de Porta. He aquí lo que dice: «Al poner el ojo tras el centro de la lente, verás próximas las cosas que se hallan alejadas, pareciendo como si las pudieses tocar con la mano, de manera que reconoces a los amigos a mucha distancia, viendo también tan grandes las letras de una carta situada a conveniente distancia que las puedes leer con claridad. Si inclinas la lente de modo que observes la carta al sesgo, verás las letras lo bastante grandes como para leerlas incluso a una distancia de 20 pasos. *Mas si supieses cómo multiplicar las lentes, no dudo que verás la letra menor a 100 pasos,* ya que los caracteres se tornan mayores en cada una de ellas. Quien ve mal utiliza lentes según la condición de su vista. Quien supiese disponer correctamente estas cosas obtendría un secreto nada despreciable. Las lentes cóncavas permiten discernir con claridad lo que se halla alejado y las convexas, lo cercano, de modo que puedes aprovecharte de ello en beneficio de la vista. Con la cóncava ves las cosas lejanas pequeñas y claras, mientras que con la convexa ves las cosas cercanas mayores aunque borrosas. *Si supieras combinar ambas correctamente,* verías mayores y claras tanto las cosas lejanas como las próximas. No poca ayuda hemos prestado a muchos amigos que veían desvaídas las cosas lejanas y borrosas las próximas, consiguiendo que lo viesen todo con absoluta perfección.» Esto en el capítulo 10. El capí-

---

[21] Juan B. Porta, *Magia natural,* Nápoles, 1558; 2.ª ed. ampliada, 1589.

tulo 11 presenta un nuevo título: «De las lentes, con las que cualquiera puede ver a una distancia mayor que todo lo imaginable»; mas la demostración de cómo hacerlo (cosa que también se expone) está tan embrollada que no hay manera de saber lo que quiere decir: si sigue hablando como antes de lentes transparentes o si, por el contrario, introduce un espejo opaco pulimentado. Yo mismo tengo en mente uno de esos que refleja las cosas remotas con la máxima magnitud independientemente de la distancia, mostrándolas próximas y proporcionalmente aumentadas, con la claridad que se puede esperar de un espejo (que es necesariamente de color oscuro).

Habiendo visto antes de este pasaje del libro de Porta, al comienzo del capítulo 10, la queja: «hasta ahora nadie ha mostrado ni las propiedades ni las razones de las lentes y espejuelos cóncavos y convexos, tan necesarios para el uso humano», puse manos a la obra hace seis años en la parte Optica de la astronomía[22], a fin de dejar patente mediante una clara demostración geométrica lo que ocurre en las lentes simples. En el capítulo V, donde demuestro lo relativo a la visión, se ve una figura en la que aparecen dibujadas lentes cóncavas y convexas, combinadas claramente a la manera en que hoy día suelen unirse en los tubos ordinarios[23]. Y si la lectura de la Magia de Porta no fue la ocasión de este artefacto, o si no fabricó cierto belga el instrumento siguiendo las instrucciones del mismo Porta, haciendo muchos ejemplares para venderlos

---

22 *Añadidos a Vitelo,* citado en la nota 14.

23 Kepler deforma aquí un tanto las cosas a su favor, sugiriendo más de lo permisible un cierto carácter precursor para la figura que ilustra la proposición XXVIII (cap. V, 3, p. 256) de los *Añadidos a Vitelo.* Dice la proposición: «A quienes ven con claridad las cosas lejanas y borrosamente las cercanas les son de ayuda las lentes convexas. Mas a los que ven confusamente las lejanas y con claridad las próximas les van bien las cóncavas.» Los dos problemas, miopía e hipermetropía, se tratan sucesivamente e independientemente, y las figuras ilustran sus consideraciones apareciendo yuxtapuestas (y no «combinadas») por casualidad. Por otro lado, las lentes del telescopio de Galileo eran plano-cóncava y plano-convexa.

Lentes de Kepler para miopes (arriba) e hipermétropes (abajo). En ambos casos, el ojo se sitúa en μ *y los objetos en la parte superior e inferior. La discusión de los problemas es independiente y la contigüidad de las figuras, casual: ambas lentes no se hallan en absoluto combinadas.* (Añadidos a Vitelo, *Cap. V, 3, pág. 256.*)

como mercancía una vez superadas las leyes del silencio por la muerte de Porta [24], entonces no cabe duda de que esa figura de mi libro (p. 256) pudo poner al lector cu-

[24] Kepler mata aquí a Porta antes de tiempo, pues aguantó hasta el 4 de febrero de 1615.

rioso sobre la pista de la construcción, sobre todo si hubiese relacionado la lectura de mis demostraciones con el texto de Porta. Sin embargo, no resulta impensable que habilidosos escultores de ingente destreza, utilizando lentes para examinar los detalles de una escultura, hayan dado por casualidad con este aparato al asociar de diversas maneras lentes convexas y cóncavas, a fin de elegir la combinación más útil a la visión. No digo esto con la intención de rebajar el mérito del inventor práctico, cualquiera que haya sido. Soy consciente de la brecha que separa las conjeturas teóricas de la experiencia ocular; la discusión de Ptolomeo acerca de los antípodas, del descubrimiento de Colón del nuevo orbe; no menos, Galileo, que la que separa esos tubos de dos lentes, frecuentes entre el vulgo, de tu aparato, con el que horadaste el mismo cielo. Mas lo que aquí pretendo es despertar en los incrédulos la confianza en tu instrumento.

Preciso es reconocer que desde el momento en que escribí la Optica, el Emperador me preguntó muy a menudo acerca de los mencionados artilugios de Porta en los que no tenía yo ninguna fe. No es de extrañar, pues mezcla claramente lo increíble con lo probable y el título del capítulo 11, literalmente «Otear mucho más lejos de todo lo imaginable», parecía entrañar un absurdo óptico, como si la visión tuviese lugar por emisión [25] y las lentes agudizasen las emanaciones del ojo de manera que alcanzasen más lejos que si no se sirviesen de lente alguna; o bien si, como reconoce Porta, la visión se produce por recepción, como si las lentes aumentasen o procurasen la luz para permitir ver las cosas, cuando en realidad ocurre más bien que ninguna lente podrá detectar nunca las cosas que no emitan por su parte alguna luz hacia nuestros ojos y gracias a la cual las podamos ver. Por otro lado, pensaba que el aire era espeso y de color azulado, con lo que

[25] Las teorías de la visión por emisión, comunes en Grecia (Herón, Euclides, Ptolomeo) y en la tradición medieval árabe y latina, sostienen que el ojo emite rayos que se transmiten cuasi-instantáneamente hasta los objetos iluminados, produciéndose la visión por la interacción de ambos rayos de luz interna y externa.

las partes diminutas de las cosas visibles se ocultarían y confundirían. Siendo evidentes estas cosas, consideraba inútil esperar que la lente eliminase de las cosas visibles esta sustancia aérea interpuesta. Mas, por lo que atañe a la propia naturaleza del cielo, supuse que habría especialmente algo que, en caso de aumentar al máximo el cuerpo de la Luna, podría impedirnos la posibilidad de conocer en su pureza sus partes menores, debido al notable espesor de la materia celeste. Así pues, por estos motivos a los que se unían además otras dificultades, me abstuve de intentar semejante construcción.

Mas ahora, ingeniosísimo Galileo, alabo tu infatigable diligencia por lo que has realizado, ya que dejando aparte toda duda, te entregaste directamente a las observaciones visuales y, habiendo hecho brillar con tus descubrimientos el Sol de la verdad, ahuyentaste todos los espectros de la duda junto con la madre noche, demostrando de hecho que era posible lograrlo.

Merced a tu demostración reconozco la increíble sutileza de la sustancia celeste, la cual queda puesta de manifiesto en mi Optica (p. 206[26]), si comparas la proporción entre la densidad del aire y el agua con la que hay entre la del éter y la del aire, sin duda muchísimo mayor. Gracias a ello, no escapa a nuestros ojos asistidos por tu instrumento ni la más diminuta partícula de la esfera estelar (y mucho menos el cuerpo de la Luna, la más baja de las estrellas), pues mucha más materia (u opacidad) se interpone entre el ojo y el objeto por un solo corpúsculo de la lente que por toda aquella inmensa extensión del éter. En efecto, de aquélla se deriva una cierta oscuridad, mientras que de ésta, ninguna; por lo que casi parecería poder afirmarse que todo ese inmenso espacio se halla vacío.

Así pues, Galileo, aunque ansiosamente espero tu ins-

---

[26] Capítulo IV, 6, proposición X, problema III: «Investigar, a partir de la magnitud de las refracciones, la proporción mutua entre medios, estimando la del aire al agua por lo que respecta a sus densidades.» Calcula por las refracciones que el éter es 1.633.304.460 veces menos denso que el agua.

Figura que acompaña a la Prop. XXIV del capítulo V, 3 de los Añadidos a Vitelo. *En ella se demuestra que los rayos procedentes del objeto (parte inferior) se refractan en la esfera dirigiéndose a distintos puntos. Para que todos ellos converjan a uno solo (parte superior) es preciso aumentar la refracción en la zona próxima al eje y disminuirla en la más alejada. Ello se consigue con una superficie no esférica, sino hiperbólica (conoide hiperbólico). Así operaría el humor cristalino para reunir todos los rayos en un solo punto de la retina.*

trumento, con todo, si la fortuna me es propicia permitiéndome intentar su construcción tras vencer las dificultades, pondré diligentemente manos a la obra por procedimientos similares. En efecto, o bien utilizaré muchas lentes de ligerísima curvatura y de superficie esférica por ambas caras, disponiéndolas en el tubo a determinados intervalos, siendo las exteriores un poco más anchas, por más que el ojo se haya de poner en el límite de la intersección de los rayos paralelos de todas las lentes: véase mi Optica (p. 246 [27]) sobre estos límites; o bien, a fin de poder corregir con mayor facilidad el error (si lo hubiere) en una única superficie, tallaré una sola lente o pinjante, una de cuyas superficies sea casi plana, pues tendrá una curvatura esférica convexa de sólo medio grado o 30′, mientras que la otra que está hacia el lado del ojo no será esférica, no me vaya a ocurrir lo que muestra la figura 81, página 251 (de la Optica), haciendo que las partes del objeto observado aparezcan distorsionadas y confusas (tema tratado en la proposición 18 [28]). Por el contrario, tendrá la curvatura de un pinjante, como se muestra en la figura 83 [29], de manera semejante al humor cristalino del ojo. Está torneada según una línea hiperbólica, que es la que buscaba en la figura 69 para los instrumentos ópticos, como aparece en las páginas 188 y 196 [30], a fin de que la visión no se distorsione, sino que las partes del

[27] Capítulo V, 3, proposición XIII, problema: «Hallar el punto más próximo al eje exterior a la esfera en que terminen las radiaciones de la esfera que concurren al eje.»

[28] Capítulo V, 3, proposición XVIII: «Siendo las cosas como en la anterior proposición XVII, las partes centrales del objeto aparecerán mayores que la debida proporción y curvadas.»

[29] Capítulo V, 3, proposiciones XXIV y XXV. La primera dice: «Los rayos que convergen dentro de un medio más denso hacia un mismo punto los reúne la superficie conoide hiperbólica que limita el medio en un solo punto más próximo que aquél»; la segunda: «Ya se ha explicado de qué manera los rayos que convergen hacia un mismo punto se reúnen en otro más próximo; pero nos queda por demostrar cómo los que se hallan dentro de un medio más denso convergen hacia el mismo punto, siendo así que inicialmente salieron del mismo punto.»

[30] Capítulo IV, 5: «Qué tipo de magnitud mide las refracciones.»

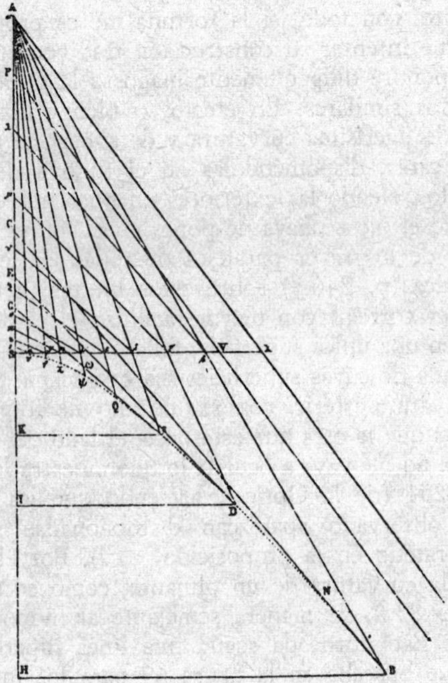

Esquema de los Añadidos a Vitelo *(Cap. IV, 3) que muestra la resolución del problema: «Buscaba pues cuál habría de ser la superficie acuosa única y continua que al recibir todas las radiaciones de un punto próximo que divergen hacia diversas partes, les impide diverger tras la refracción enviándolas más lejos paralelamente». Duda entre la parábola, la elipse y la hipérbole, apuntando a esta última los estudios anatómicos. Sigue la demostración de ello.*

objeto observado se aumenten proporcionalmente, tal y como propuse en la página 193 [31].

Observaré, digo, estos extremos a la hora de construir

31 «Me preguntaba cuál sería la superficie única y continua del agua que al recibir todas las refracciones de algún punto cercano, divergentes hacia diversas partes, las refractase impidiéndoles diverger y enviándolas paralelamente.»

la lente convexa a fin de aumentar los objetos visibles. Colocaré el ojo no lejos de ese punto único al que confluyen los rayos de todos los puntos del objeto observado (lo que constituye una propiedad de ese pinjante hiperbólico). La hipérbola se prolongará hasta que el rayo proviniente de este punto o centro forme un ángulo de 27° con la tangente al borde de la hipérbola, refractándose unos 9°, de manera que tenga en ambos lados una refracción máxima en torno a 30 ½° y menor proporcionalmente en los lugares intermedios.

Ahora bien, las radiaciones de un solo punto procedentes de un objeto luminoso muy alejado descienden casi paralelamente hacia el pinjante, tras lo cual convergen e inciden en el humor cristalino del ojo. Se refractan concurriendo tras el cristalino en un punto próximo a él, y divergiendo luego de nuevo, llegan a la retina ya dilatados como un pincel. Y así, cada uno de los puntos de la Luna ilumina una superficie distinta de la retina, con lo que la visión se torna muy borrosa. Por este motivo, adaptaré al ojo de cada observador una lente adecuada a su vista, de manera que la confluencia de los rayos que convergen hacia un solo punto se vea impedida por la refracción contraria debida a la lente cóncava, divergiendo así más bien e incidiendo sobre el cristalino como si proviniesen de otro punto cercano. De este modo, al verse refractados por el cristalino, tendrán sus puntos de reunión en la misma retina, lo que constituye la definición de la visión clara; cosas todas ellas que he demostrado en la página 256 [32] de mi Optica.

Esto por lo que respecta al instrumento mismo. En lo atinente a su uso, está bien fundamentado tu expediente relativo al modo de averiguar la magnitud de la amplia-

[32] Capítulo V, 3, proposición XXVIII, citada en la nota 23. Como señala Kepler, explicando la acción de las lentes correctoras, «Así se corrigen los conos que han de terminar en la retina; los cuales, si no se enmiendan por medio de las lentes, resulta que (...) el cono que debiera terminar tras la retina queda cortado por ésta, de manera que los conos de los puntos luminosos adquieren una cierta anchura y se mezclan entre sí» (p. 256).

ción de las cosas producida por el instrumento y a cómo se pueden determinar en el cielo minutos aislados y partes de minutos [33]. Dado que en este terreno tu habilidad compite con la exactísima precisión observacional de Tycho Brahe [34], no estará de más que añada algo. Recuerdo que aquel erudito de todas las ciencias, J. Pistorio [35], me preguntó más de una vez si las observaciones de Brahe eran tan depuradas como para considerar que en absoluto se podía pedir más de ellas. Respondíle tajantemente que se había alcanzado el culmen sin que nada quedase por hacer a la humana destreza, puesto que no proporcionan mayor precisión ni los ojos ni tampoco la cuestión de las refracciones que cambian la posición de los astros respecto al horizonte. Y como en este punto me respondiese muy seguro que habría de llegar el día en que gracias a las lentes se daría con un método más exacto, le objeté que las refracciones de las lentes las habrían de tornar inútiles para la precisión de las observaciones. Mas ahora veo al fin que Pistorio fue en parte un verdadero adivino. En verdad, las propias observaciones de Brahe se sostienen por sí mismas y no precisan de alabanzas, pues bastan sus instrumentos para mostrarnos qué es en el cielo un arco de 60° o qué uno de 34′ [36]. Mas tan pronto como medimos los grados celestes con este procedimiento de Brahe (o también el diámetro de la Luna con mi artificio

33 Véase *La gaceta sideral,* pp. 40 y ss.

34 Tycho Brahe (1546-1601) es famoso por sus observaciones sistemáticas y extraordinariamente exactas para el período anterior al telescopio, pues alcanzaban una precisión de fracciones de minuto para las fijas y de unos 4′ para los planetas. De este modo, después de Tycho las teorías planetarias se enfrentaron a restricciones mucho más duras: mientras que para Copérnico era tolerable una discrepancia entre teoría y observación que no superase los 10′, Kepler se vio obligado, al disponer de las más precisas observaciones de Tycho, a rechazar sus conjeturas sobre la órbita de Marte por una famosa discrepancia de 8′.

35 Johannes Pistorius, médico, historiador y teólogo católico de la segunda mitad del siglo XVI, al servicio del emperador.

36 Brahe construyó un notable sextante (un sexto de círculo o 60°) para sus observaciones en Uraniborg. El valor 34′ alude a la refracción atmosférica en el horizonte.

óptico [37]), llega ahora tu anteojo y superas, Galileo, esa magnitud presentada por Brahe y por mí, subdividiéndola sutilmente en minutos y fracciones de minutos. Uniéndose en elegantísimo matrimonio con su método de observación, el propio Brahe celebrará tu método observacional y tú basarás el tuyo necesariamente sobre el de

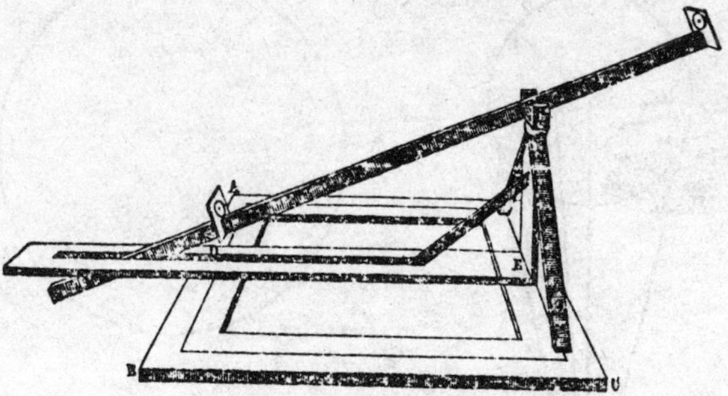

Dibujo del Cap. XI («De la industriosa observación de los diámetros del Sol y la Luna, y de los eclipses de ambos») de los Añadidos a Vitelo. *Ilustra la construcción de un instrumento eclíptico (Problema I) para medir los diámetros solar y lunar.*

Brahe. ¿Quieres que diga lo que siento? Deseo disponer de tu instrumento para contemplar los eclipses lunares, esperando de él una ayuda importantísima para perfeccionar y reformar donde sea preciso todo mi Hiparco o demostración de las distancias y magnitudes de los tres cuerpos del Sol, la Luna y la Tierra [38]. En efecto, la cam-

---

37 Capítulo XI, problema IV (pp. 344-5): «Observar el diámetro de la Luna con el instrumento.» Las mediciones del diámetro lunar arrojan valores entre 29′30″ y 31′12″ en un caso, y entre 32′ y 34′18″ en otro. El instrumento se describe en el problema I (pp. 340-2); véase la figura.

38 Título de un libro no publicado de Kepler sobre el mismo tema investigado por Hiparco (*fl.* 143 a. C.). El lector ya habrá reparado en las constantes indirectas de Kepler para que Galileo le proporcione un telescopio.

biante diferencia de los diámetros del Sol y la Luna, así como los dedos[39] eclipsados en la Luna, no lo registrará con mayor precisión quien sirviéndose de tu ocular no sea ducho en realizar observaciones. Unase, pues, Galileo a Kepler, aquél observando la Luna con la cara vuelta hacia el cielo y éste observando el Sol inclinado sobre una

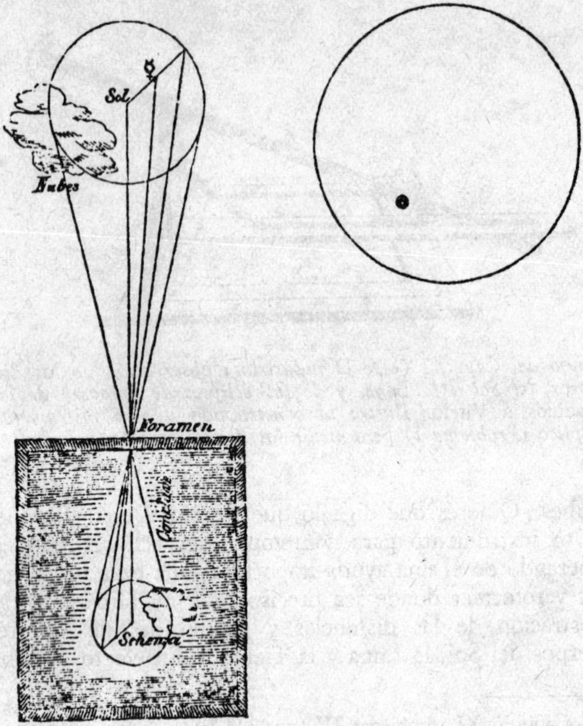

Figuras del opúsculo de Kepler, Fenómeno singular o Mercurio en el Sol, *1609 (pág. 805), que muestra el uso de la cámara obscura para observar el supuesto tránsito de Mercurio por el Sol.*

[39] En los *Añadidos a Vitelo,* cap. VI, 5, Kepler divide la Luna en 12 partes o «dedos».

hoja [40] (no sea que la lente dañe el ojo), cada uno con su artilugio, a fin de que de esta colaboración resulte alguna vez una doctrina exactísima de las distancias. Con este artificio mío observé (además de la Luna) el propio Mercurio en el disco del Sol: véase el opúsculo publicado so-

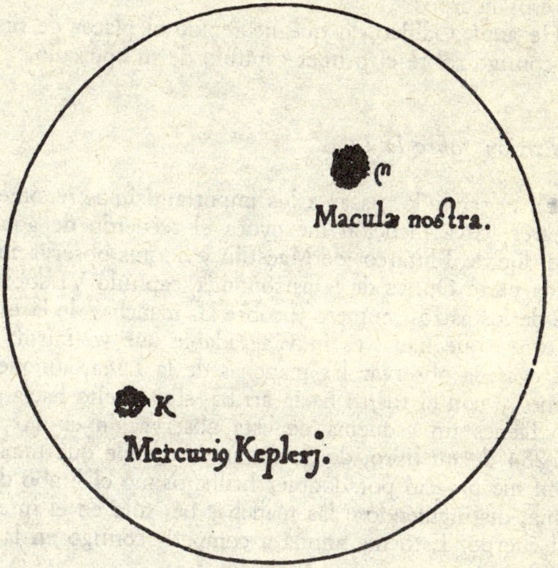

Figura del libro de Scheiner (Apellis latentis post tabulam) Tres epístolas de Maculis Solaribus (Opere *de Galileo, ed. Favaro, Vol. V, pág. 52), en que el autor compara sus observaciones con las de Kepler.*

---

40 Kepler observa el Sol por un sistema de proyección en cámara oscura (descrita en el cap. II de los *Añadidos a Vitelo).* Más adelante, Galileo adaptará un sistema de proyección al telescopio para observar las manchas solares. En la segunda carta a Welser sobre las manchas, dice: «Débese orientar el telescopio hacia el Sol como si se fuese a observar y, ajustándolo y afirmándolo, póngase un papel blanco y plano frente a la lente cóncava a una distancia de cuatro o cinco palmos. Sobre él caerá la imagen circular del disco solar con todas las manchas que en él se encuentran.»

bre este particular [41]. No es menos cierto que si apareciese algún cometa, se podría observar con toda exactitud su paralaje (así como la de la Luna) mediante la comparación con esas diminutas y abundantes estrellitas que sólo se ven con tu instrumento. Gracias a ello, podremos razonar con más seguridad que hasta ahora acerca de la altitud de esos cuerpos [42].

He aquí, Galileo, lo que he tenido el placer de discutir contigo sobre el primer capítulo de tu opúsculo.

Discusión sobre la Luna

En el segundo, pasas a los importantísimos fenómenos lunares, cuya mención me evoca el recuerdo de aquello que dije de Plutarco, de Maestlin y de mis observaciones en la parte Optica de la astronomía, capítulo VI sobre la luz de los astros, número 9 sobre las manchas de la Luna.

Antes que nada, es muy agradable que yo mismo me entregase a observar las manchas de la Luna, aunque no como tú con el rostro hacia arriba, sino vuelto hacia abajo. Tienes un esquema de esta observación en la página 284 de mi libro, de donde se desprende que también a mí me pareció por doquier brillantísimo el limbo de la Luna, distinguiéndose las manchas tan sólo en el interior del cuerpo. Esto me anima a competir contigo en la ob-

41 *Fenómeno singular o Mercurio en el Sol,* Leipzig, 1609. Galileo criticó a Kepler en la tercera carta a Welser *(Historia y demostraciones en torno a las manchas solares,* 1613) por confundir a Mercurio con una mancha. *Infra,* pp. 174-5. Kepler reconoce su error en el prefacio a las *Efemérides* (1617), hablando con Fabricio, un observador del Sol anterior a Galileo, y retrotrayendo la historia del mismo error hasta Averroes e incluso Virgilio.

42 Desde que Brahe observó los cometas desde el año 1577 hasta 1596, sin hallar paralaje, los astrónomos sabían que eran cuerpos celestes. En 1613, Galileo acepta la opinión de Tycho, pero cuando en 1618 aparecen tres cometas, utilizados por los jesuitas para atacar a Copérnico desde la teoría astronómica de Tycho, Galileo cambia de actitud y reelabora una idea antigua: los cometas serían fenómenos meteorológicos, como las auroras, debidos a la ascensión de vapores terrestres.

servación de esas diminutas manchas que tú notaste por vez primera en la parte más brillante. Así pues, espero perfeccionar mi método de observación con el rostro apartado de la Luna. Dejaré que la luz de la Luna pase por

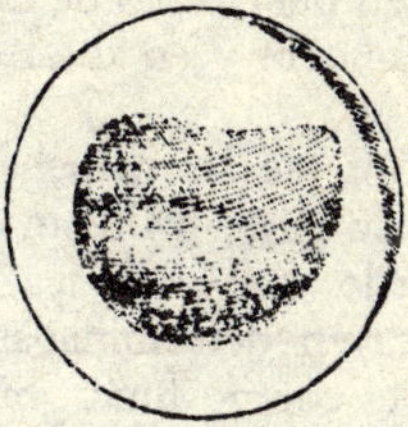

La figura presenta una observación de la Luna (diciembre de 1602) en cámara obscura. El disco presentaba una a modo de giba, mostrando «el borde brillantísimo y blanco, excepto por la parte de la protuberancia, donde se veía más débil. Mas en el centro había una única mancha u obscuridad continua, ora más clara, ora más obscura». Así pues, no distingue manchas *en el interior.* (Añadidos a Vitelo, *Cap. VI, 9: «De las manchas lunares».*)

un agujero hasta una hoja montada en un listón, colocando en el agujero una lente de cristal con la curvatura esférica de un círculo máximo y situando la hoja en el punto de confluencia de los rayos. Así, con un listón de 12 pies de largo, el cuerpo de la Luna se proyectará con toda perfección de un tamaño superior al de una moneda de plata. He mostrado el artificio en la proposición, 23, página 252 de mi libro [43]. Y si bien Porta propuso uno más sencillo en el título primero del capítulo VI [44], con una lente, yo presentaba un globo entero.

---

[43] *Añadidos a Vitelo,* cap. V, 3, prop. XXIII: «Cuando se pone un globo ante la ventanilla que presenta una plancha situada entre los límites de secciones paralelas, siendo la ventanilla más estrecha que el globo, la imagen de la parte máxima del hemisferio se proyecta sobre un papel colocado tras el globo, en el límite de la intersección última de los rayos del punto luminoso. La imagen se halla invertida, aunque en el centro es muy pura y clara.»

[44] De la *Magia natural.*

Prosigamos, Galileo, examinando tus fenómenos. Tras indicar la fase en que se hallaba la Luna en tus observaciones, muestras primeramente que cuando se presenta con sus cuernos, se aparta algo de la perfección de la línea oval. En el número 8, página 283 de mi libro [45], demostré que es oval la imagen del círculo de iluminación; así pues, te expresas correctamente y en total acuerdo con las matemáticas.

En la consideración de las manchas que tú observaste por vez primera en la parte brillante de la Luna, demuestras, en total acuerdo con la óptica, que por el tipo de iluminación constituyen determinadas cavidades u oquedades hundidas en el cuerpo lunar. Sin embargo, planteas la cuestión de qué sean esas manchas lunares tan abundantes de la zona tenida por brillante desde antiguo. Tú las equiparas a los valles de nuestra Tierra, y he de confesar que, concretamente en la provincia de Estiria, hay algunos valles de ese tipo, de forma casi redonda, que reciben por la parte de arriba al río Mura a través de estrechísimas hoces, despidiéndolo por la parte inferior. Tales son las rasas llamadas de Graz, de Leibniz y de Maribor del Drava, así como otras de diversas regiones. En torno a esas rasas se alzan las altísimas cimas de los montes, formando una especie de caldera, ya que la altura de los riscos circundantes no es mucho menor que la anchura de las rasas. Confieso que puede haber perfectamente tales valles en la Luna, excavados por los ríos en los sinuosos repliegues de los montes. Mas, puesto que, añades, son tan abundantes estas manchas que hacen que la parte brillante del cuerpo lunar parezca la cola del pavo real adornada con diversos espejos cual ojos, se me ocurre si acaso esas manchas de la Luna no indican alguna otra cosa. En efecto, tenemos aquí en la Tierra no pocos valles sinuosos que se extienden además un gran trecho si-

---

45 *Añadidos a Vitelo*, cap. VI, 8: «Por lo cual, cuando se puede ver todo el círculo de iluminación, aparecerá con la forma de una elipse perfecta. Mas si se oculta tras el cuerpo de la Luna la mitad o algo más, entonces se ve tan sólo un arco elíptico.»

guiendo el curso de los ríos y presentando una profundidad nada despreciable. Casi toda Austria es así, como un valle continuo, debido a que el Danubio se hunde y casi se oculta entre las montañas de Moravia y Estiria. ¿Por qué, pues, no señalas ninguna de esas manchas largas en la Luna? ¿Por qué la mayoría están limitadas por un círculo? ¿Se me permitiría abandonarme a la conjetura de que la Luna es como una especie de piedra pómez, abriéndose por todas partes con pozos enormes y abundantísimos? Sufrirás con paciencia que me entregue aquí en esta ocasión a las especulaciones propuestas en el capítulo 34 de mi Comentario sobre Marte, donde del hecho de que la Luna se vea impulsada por la Tierra con una velocidad doble que las partes externas de la propia Tierra en el círculo del ecuador, concluía que el cuerpo lunar es extremadamente raro, por lo que, dotado de la exigua resistencia de la poca materia, no se opone mucho al arrastre de la Tierra[46].

Ahora bien, estas cosas (relativas a cavidades en términos absolutos, no formadas por los montes) no son tan importantes que las tenga por dignas de una acérrima defensa en caso de que entren en contradicción con tus subsiguientes informes. En efecto, con muy explícitas experiencias plenamente acordes con las leyes ópticas confirmaste en sumo grado que en el cuerpo lunar se elevan muchos picos por la zona brillante, especialmente en la

[46] Según la física celeste expuesta en su *Astronomía nueva* (1609), la causa del movimiento orbital de los planetas (o satélites) reside en unas emanaciones cuasimagnéticas del ecuador del Sol (o del planeta), que se extienden por el plano en que se hallan los circunvaladores, de modo que al rotar el cuerpo central los arrastra. Esa fuerza tangencial disminuye al aumentar la distancia y produce sobre los cuerpos arrastrados un movimiento inversamente proporcional a sus moles *(masas),* pues los cuerpos tienden al reposo. Así, es indicio de la poca densidad del material lunar el hecho de que ofrezca tan escasa resistencia al arrastre de los radios cuasimagnéticos del ecuador terrestre, como lo prueba el hecho de que la velocidad de la Luna por su órbita sea casi de un kilómetro por segundo, mientras que un punto del ecuador terrestre (del que salen las emanaciones) se mueve por efecto de la rotación a 0,46 Km./seg.

parte inferior [47], a la manera de los altísimos montes de nuestra Tierra, los cuales son los primeros en gozar de la luz del Sol que sale en la Luna, mostrándose a ti cuando te sirves de tu anteojo.

¿Qué diré de tu exactísima discusión de las antiguas manchas de la Luna? Habiendo aducido en la página 287 de mi libro [48] la afirmación de Plutarco que interpreta esas manchas antiguas de la Luna como lagos o mares y las partes brillantes como continentes, no dudé en oponerme y con razones contrarias puse continentes en las manchas y agua en la zona de brillante pureza, lo que me valió el frecuente aplauso de Wackher. Nos enzarzamos en estas discusiones el verano pasado (creo que porque la naturaleza urdía valiéndose de nosotros lo mismo que obtuvo poco después por medio de Galileo), de modo que para complacer al propio Wackher incluso fundé una astronomía nueva como si fuese para aquéllos que habitan la Luna, así como un geografía exclusivamente lunar [49], entre cuyos fundamentos se hallaba esto de que las manchas son continentes y mares las partes brillantes. Lo que me movió a contradecir a Plutarco en este punto puede verse en la página 287 de mi libro; esto es, la experiencia allí aducida realizada en el monte Scheckel de Estiria, desde el que me parecía que el río de abajo brillaba, siendo la tierra más oscura. Ahora bien, en el propio margen

---

47 Las prisas con que Kepler redactó esta respuesta le hace tomar por picos las manchas (cráteres) que según Galileo abundan en el cuerno inferior de la Luna creciente. Véase *La gaceta sideral,* p. 44.

48 *Añadidos a Vitelo,* cap. VI, 9: «Habiendo dicho Plutarco que la Luna era una Tierra, determinó que las manchas eran mares, los cuales, al transmitir hacia el fondo los rayos del Sol, casi los absorben...»

49 Este libro se editó póstumamente en 1634: *El sueño o acerca de la Astronomía lunar,* si bien su composición se inició en el verano de 1609, o incluso mucho antes; véase la nota 56. En esta obra, la primera genuinamente de ciencia ficción, el protagonista, que se parece mucho a Kepler (discípulo de Tycho Brahe, madre bruja), realiza un viaje a la Luna. Exceptuando el combustible (el poder del demonio), todo lo demás está de acuerdo con la física y la astronomía del momento.

de la página siguiente se explica lo endeble de las razones aducidas. A saber, el río no brillaba como la tierra debido a la luz comunicada por el Sol, sino debido a la luz reflejada por el aire luminoso. Por ese motivo, no tuve éxito en el examen de las causas de la experiencia. En efecto, en contra de la enseñanza de Aristóteles en el libro sobre los colores [50], afirmé que las aguas participan de la oscuridad menos que la tierra. ¿Cómo habría de ser cierto eso, dado que las tierras empapadas de agua se tornan más negras? ¿Para qué seguir? Supón que la Luna esté compuesta por tierra blanca, tal y como sucede con la isla de Creta (al modo en que Luciano afirma que la Luna es una tierra semejante a un queso [51]), y habrá que conceder que en virtud de la iluminación del Sol resplandece con más claridad que los mares, aun cuando no se hallen teñidos de oscuridad. Por consiguiente, en absoluto me impide mi libro prestarte oídos cuando discrepas de mí y aduces argumentos matemáticos en favor de Plutarco con irrefutable y muy penetrante deducción. Así pues, las partes brillantes ofrecen muchas cavidades, las partes brillantes se iluminan según una línea tortuosa, las partes brillantes presentan enormes prominencias gracias a las cuales se iuminan antes que las zonas vecinas; las partes que miran hacia el Sol son brillantes, y tenebrosas las que le vuelven la espalda, todo lo cual conviene a un lugar seco, sólido y elevado, pero no a uno líquido. Por el contrario, las partes tenebrosas conocidas desde la antigüedad son uniformes y se iluminan más tarde, lo que habla en favor de su hundimiento, dado que las prominencias circundantes brillan ya ampliamente, distinguiéndose de las partes oscuras iluminadas mediante un cierto negror a modo de sombra. En las cuadraturas, la línea de iluminación es recta por la parte tenebrosa, cosas todas ellas que com-

---

50 Obra atribuida a Aristóteles, probablemente de un discípulo.

51 Luciano de Samosata (siglo II) imagina un viaje fantástico a la Luna en su *Historia verdadera,* L. I, §§ 10-11 (pp. 28 y ss. de la edición española de Eulalia Vintró, Barcelona, Labor, 1974). En el L. II, § 3, aparece un mar de leche en el que se alza una isla de queso (p. 49 de la ed. mencionada).

peten a su vez a los líquidos que tienden a lo bajo y por su peso se extienden horizontalmente.

He de confesar que me has satisfecho totalmente con esos argumentos y concedo que las manchas son mares y que las partes claras son tierra [52]. Tampoco se hallan desasistidas de mi propio testimonio estas experiencias tuyas tan perspicaces, pues en la página 285 de mi Optica tienes la Luna bisecada por una línea tortuosa, de donde deduje que había prominencias y depresiones en el cuerpo de la Luna [53]. En la página 286 describo la Luna durante un eclipse en términos de carne desgarrada o madera rota, con estrías luminosas insinuándose en la parte sombría [54], observación mediante la cual deduzco, al igual que tú, aunque con otro tipo de razonamiento, que las partes de la Luna son desiguales, sobresalientes unas y hundidas otras. Mas no me basaba entonces en la proyección de las sombras, sino en el hecho de que, en los confines del eclipse, las partes de la Luna reciben y reflejan los débiles rayos del Sol unas con más fuerza y otras más débilmente. Ahora bien, señalé estas cosas tan sólo confusa y superficialmente, sin distinguir en absoluto las partes manchadas de las brillantes. Mas, gracias a tu precisión, ¡cuán

---

52 Aunque Galileo compara las partes oscuras de la Luna a los mares de la Tierra y las claras a los continentes, lo hace sin ninguna convicción, negando explícitamente tal interpretación en la Primera Jornada del *Diálogo* (p. 172): «estimo que la materia del globo lunar no es de agua y tierra». Véase más arriba, *La gaceta sideral,* pp. 45 y ss. y nota 21.

53 «En primer lugar, como quedó dicho, cuando la Luna presenta media cara, muestra una sección desigual y en cierto modo tortuosa, lo que prueba que algunas de sus partes son más bajas y otras más elevadas.»

54 Se trata de las observaciones de febrero de 1598: «Se vio durante todo el tiempo (...) con ciertas estrías luminosas que invadían la sombra, cual si estuviese rasgada o lacerada, por lo que el arco que debiera separar la parte sombría de la iluminada presentaba por su irregularidad el aspecto del borde de una tabla astillada. (...). Todo lo cual muestra (...) que la Luna (...) es como la Tierra, desigual y montuosa, *con montañas mayores en relación a su globo que las terrestres en proporción al suyo.*» (El subrayado es nuestro.)

ordenadamente se desarrolla todo! Incluso muestras que las propias manchas antiguas se hallan plagadas de zonas blanquecinas y uniformes, cual mares salpicados de claras islas. No puedo dejar de preguntarme qué quiera decir esa cavidad ingente rodeada por un círculo en lo que he dado en llamar la comisura izquierda de la boca [55]: ¿es obra de la naturaleza o de una fuerza artificial? Pues, en verdad, si hay en la Luna criaturas vivientes (idea con la que, siguiendo a Pitágoras y Plutarco, tuve a bien jugar en una disputación escrita en Tubinga allá por el año 1593, así como en la página 286 de mi Optica, y muy recientemente en la mencionada geografía lunar [56]), entonces es lógico que imiten la naturaleza de sus dominios que poseen montes y valles mucho mayores que nuestra Tierra, por lo que, dotados de una ingente mole corporal, ejecutan obras asimismo enormes. Al tener días que duran 15 de los nuestros, padeciendo un calor intolerable y careciendo tal vez de piedras con las que levantar defensas contra el Sol, teniendo quizá a cambio una tierra compacta a modo de arcilla, he aquí cuál sería su plan normal de edificación. Excavan campos ingentes disponiendo en círculo la tierra extraída y vertida en derredor, tal vez

---

[55] En los *Añadidos a Vitelo* (cap. VI, 9: «Sobre las manchas de la Luna», pp. 284 y ss.) dice: «... el círculo de iluminación que cruza la superficie lunar no la corta en línea recta de derecha a izquierda o de arriba abajo, sino transversalmente del ojo derecho a la comisura izquierda de la boca...»

[56] La disertación de 1593 nunca se publicó, aunque es razonable suponer que su contenido se incorporase a *El sueño o acerca de la Astronomía lunar* (véase la nota 49), que Kepler llama aquí «Geografía lunar». El pasaje aludido de los *Añadidos a Vitelo* va a continuación del citado en la nota 54, donde juega con la idea de Plutarco de selenitas mucho mayores y más fornidos que los terrícolas merced a que tienen días semimensuales y a que soportan los rigores del Sol. Galileo desconfía de las ficciones místicas y astrológicas de Kepler, por lo que dirá en el *Diálogo* (Primera Jornada, pp. 121-2; 182) que aunque la Luna no sea de éter, sino de materia como la terrestre, no se puede afirmar que haya en ella sustancias como las nuestras: «no afirmo que se dé [en la Luna] movimiento o vida, y mucho menos que se generen plantas, animales u otras cosas semejantes a las nuestras».

para escurrir la humedad. De este modo se pueden ocultar a la sombra en las profundidades tras los túmulos levantados y, siguiendo el movimiento del Sol, andan por dentro buscando la sombra. Poseen entonces una a modo de ciudad subterránea con casas en las numerosas cuevas excavadas en ese acantilado circular. Las tierras de labor y los pastos se sitúan en el centro para no verse obligados a alejarse mucho de sus predios al huir del Sol.

Mas prosigamos con el hilo del escrito. Te preguntas por qué no aparece irregular el borde de la Luna. No sé si has examinado con atención este extremo o si más bien lo preguntas fiándote de la opinión del vulgo. En efecto, en mi libro, página 286 [57], he señalado que en el plenilunio a ese círculo extremo le falta claramente algo para ser perfecto. Examínalo con atención y dinos una vez más qué te parece, pues me fío de tu anteojo.

A esta pregunta respondes ciertamente de dos maneras. La primera no choca con mis experiencias. En efecto, que la abundancia y acumulación de los picos unos tras otros en el borde del hemisferio visible forme la imagen de un limbo perfectamente circular es algo que sólo puede ocurrir en caso de que los picos se hayan pulido e igualado en el torno, de manera que no quede ninguna hendidura o protuberancia, cosa que concuerda con mis observaciones. La segunda consiste en rodear la Luna de una esfera de aire que, en virtud de la pendiente con que se incurva el globo, opone un cierto espesor a los rayos solares y terrestres, así como a nuestros ojos; de ahí que ese limbo brille puro e inmaculado, mientras que toda la

---

[57] *Añadidos a Vitelo,* cap. VI, 9: «Parecía haber una cierta hendidura sobre el ojo derecho, que desde nuestro punto de vista está a la izquierda, como si al borde del círculo le faltase algo para ser redondo» (se trata del eclipse del 9-10 de febrero de 1599).

El 10 de noviembre de 1612, escribirá a Simón Marius (Mayer): «Al observar así, el 30 de mayo, un eclipse de Sol, me aconteció algo maravilloso que no deja de tener su explicación. Vi dos montículos en el círculo interior de la imagen solar que formaba el cuerpo de la Luna. Así pues, hay también montañas en la circunferencia de la Luna, de las que claramente había dado a entender Galileo a regañadientes que carecía.»

cara interior se halla plagada de abundantes manchas, debido a que allí el aire no interpone un espesor tan grande a nuestra vista.

Pudo informarte acerca de este aire lunar mi libro, páginas 287 y 319 [58], pasajes que confirmas notablemente con tus experiencias al respecto. No veo ciertamente cómo puedan soportar esos selenitas el ingente calor del Sol durante el plenilunio, cuando para ellos es mediodía (y lo mismo para los otros del hemisferio invisible durante el novilunio), si no es merced a que el aire turbio oculta frecuentemente el Sol, como ocurre con los peruanos, atemperando el calor con la humedad. Dicho aire oculta al máximo las manchas en el plenilunio, absorbiendo y reflejando hacia nosotros el inmenso resplandor del Sol.

¿Qué nos dices del aire en torno a la Luna, dado que Maestlin incluso observaría lluvias en ella, según un opúsculo editado en Tubinga en 1606 [59]? Así pues, en la tesis 152, señala: «Durante el eclipse lunar de la víspera del Domingo de Ramos del año 1605, se vio hacia la parte boreal del cuerpo lunar cierta mancha negruzca, más oscura que todo el resto del cuerpo, con la forma de un hierro candente. Diríase una nube extendida por una vasta extensión, grávida de lluvias y tempestuosos aguaceros, acontecimiento que no resulta raro ver extendiéndose desde las cumbres de los más altos montes hasta las zonas más bajas de los valles.» Esto es lo que dice; mas no creas que se trataba de una de las manchas antiguas, pues el

---

58 *Añadidos a Vitelo* (cap. VI, 9, p. 287): «Como se señala más arriba, la Luna toda se halla rodeada de cierta esencia aérea que transmite los rayos a todas partes.» Más adelante (cap. VII, 3, página 319), se pregunta por qué no habría de tener aire la Luna, puesto que tiene mares y tierras.

59 *Disputación sobre las multivarias irregularidades de los movimientos de los planetas que aparecen en el cielo o desigualdades regulares y de sus causas astronómicas,* Tubinga, 1606. (Como señala Rosen, *op. cit.* en la nota sobre la traducción, esta disputación con Samuel Hafereffer se habría perdido.) En el *Diálogo* (Primera Jornada, p. 183), Galileo niega que haya lluvias en la Luna, pues en tal caso las masas de nubes se verían con el telescopio.

propio Maestlin me enseñó un dibujo el año pasado. La mancha era diferente tanto en posición como en tamaño, ya que ocupaba casi la cuarta o quinta parte de la superficie lunar, siendo además tan negra que destacaba incluso en la parte oscurecida de la Luna. A partir de la tesis 88 de dicho opúsculo trata de la afinidad de la Luna con la Tierra por lo que respecta a la densidad, la sombra, la calígine, la luz cedida por el Sol que rodea ambos cuerpos, la igualdad de las fases que la Luna muestra a los terrícolas y la Tierra a los selenitas, de modo que cada uno de ambos cuerpos ilumina igualmente al otro, pasaje que se ajusta a gran parte de mi Astronomía lunar. En la tesis 92 hace descansar otro grado de parentesco entre estos cuerpos en lo abrupto de las superficies, siendo digno de señalarse que cite, tomándola de tres pasajes de Averroes, la frase de Aristóteles del libro de los Animales: «A este respecto la Luna es considerablemente afín a la naturaleza terrestre»[60]. En concreto, a partir de la tesis 145, trata explícitamente acerca del aire extendido en torno al cuerpo lunar, siendo sus palabras en la tesis 149 tan similares a las tuyas, Galileo, que parecen sacadas de tu opúsculo: «Si examinas atentamente —dice— el cuerpo de la Luna en cualquier fase, verás el borde exterior iluminado con una luz mucho más limpia y pura, sin que esté sembrado de mancha alguna, siendo así que en el cuerpo interior resaltan por doquier muchas marcas negruzcas. ¿Quién diría que bajo esa luz uniforme no hay otra cosa que ese suelo de brillo más oscuros, turbio

[60] Tal afirmación se debe sin duda a una interpretación particular de Averroes, pues no es posible que Aristóteles diga tal cosa, siendo como es el gran sancionador de la división del mundo en dos regiones (véase la nota 17 a *La gaceta sideral*). Rosen, *op. cit.*, señala que posiblemente Maestlin encontrase esos pasajes en la edición de las obras de Aristóteles aparecida a mediados del XVI en Venecia, conteniendo no sólo la traducción latina, sino también los comentarios de Averroes, quien en *De generatione animalium*, III, 11, atribuye a Aristóteles: «Puesto que la Luna es por sí misma oscura, brillando por cuenta de otro cuerpo, es, por tanto, de naturaleza similar a la tierra» (ed. de Venecia, VII, 233*v*.).

y manchado?» De aquí concluye que la sustancia del limbo es transparente, cuasi vítrea, aérea, homogénea; en una palabra, totalmente similar a nuestro aire en torno a la Tierra.

Al igual que tú, Galileo, dedica mucho esfuerzo a demostrar la existencia de este aire a partir del siguiente indicio, «en efecto, la parte inundada por la luz del Sol muestra una circunferencia más amplia que el restante orbe en tinieblas», cosa que Maestlin prueba con múltiples experiencias no sólo nocturnas y cuyas causas podrían atribuirse a la visión, sino también diurnas, cuando la estrella Venus se oculta tras la parte en sombras de la media Luna[61]. Mas permitidme que, aunque acepte el aire de la Luna, mantenga con todo la siguiente opinión acerca de esta experiencia: tanto la luz de la Luna como la de la estrella, incluso de día se dilata en el ojo e invade la zona de la parte en tinieblas, de modo que ésta se vea pequeña y grande la iluminada. Véase la página 266 de mi Optica[62].

En las páginas 53-55 de tu opúsculo viene a continuación la ingeniosa y correcta demostración de eso que también yo toqué deslabazadamente y sin demostrarlo en las páginas 285-286[63]; a saber, que los montes lunares son mucho mayores que los terrestres y no sólo en proporción a sus globos, que es lo que yo decía, sino en términos absolutos. Para demostrarlo hacía falta tu anteojo y tu habilidad observacional.

En la página 57, no menos ingeniosamente abordas la observación del disco lunar cuando le salen los cuernos por vez primera y enseñas cómo taparlos con la interposición de un tejado a fin de que resalte la parte restante

[61] El ocultamiento del planeta tras la parte oscura de la media Luna permite determinar dónde empieza el borde de la misma y calcular el radio del cuarto en sombras, comparándolo con el iluminado.

[62] *Añadidos a Vitelo,* cap. V, 5, p. 266: «A todo el mundo le parecen proporcionalmente mayores las cosas iluminadas que las menos luminosas que están a su lado.»

[63] Véase el final de la cita de la nota 54, p. 126.

del disco. Este procedimiento de observación me resulta muy familiar.

Por lo que respecta a la demostración que prueba que esta luz emana de nuestra Tierra, hace ya veinte años o más que estuvo en manos de Maestlin, de cuyas enseñanzas la tomé en mi parte Optica de la astronomía, capítulo VI, número 10 [64], con un tratamiento muy completo, donde al igual que tú refuto también las mismas opiniones (que esa luz proceda del Sol o de Venus), si bien critico el escaso valor de esta última más benignamente que tú.

En la página 58 juzgas que ese tono de un rojo cobrizo que presenta la Luna eclipsada en torno a los bordes de la sombra terrestre, mientras se oscurece y desvanece el resto del cuerpo, se debe a la iluminación de la vecina substancia etérea. Confirmas mi discusión sobre este mismo tono rojizo de las páginas 300 de la Optica [65], donde lo derivo a partir de los rayos del Sol refractados en nuestro aire, concordando con lo que aduje en la página 319 para dar cuenta de por qué en los eclipses totales de Sol no siempre se produce una noche total, cosa que repetí en el libro sobre la nueva estrella [66]. Dudo, Galileo, que esta causa que propones sea suficiente para explicar dicho tono rojizo, pues esto que llamas aurora rodea el cuerpo lunar mucho más uniformemente que dicho tono rojizo, el cual se extiende desigualmente por la Luna, como muestran mis experiencias aducidas en la página 303. Cuando prestes atención a esto en tu sistema del mundo, espero que discutas con más fortuna las causas de estas cosas [67]. Mas, por lo que respecta a la pálida luz de la Luna, producida en la zona inmersa en la mitad de la sombra a la que no

---

64 En las páginas 288-90, Kepler cita extensamente la *Disputación sobre los eclipses*, de Maestlin (1596).

65 *Añadidos a Vitelo,* cap. III, 3: «Del color rojizo de la Luna eclipsada.»

66 *De la nueva estrella en el pie de la Serpiente,* Praga, 1606 (*Opera omnia,* ed. Frisch, vol. I, pp. 696 y ss.).

67 Galileo no vuelve sobre este tema en la Primera Jornada del *Diálogo,* tal vez debido a esta crítica de Kepler. Cf. *La gaceta sideral,* notas 30 y 49.

Dibujo de la observación de agosto de 1598, en la que la parte eclipsada de la Luna aparecía roja, aunque no uniformemente. Del patrón de enrojecimiento se desprende que éste deriva de la refracción de la luz del Sol en la atmósfera terrestre. (Añadidos a Vitelo, *Cap, VII, 3: «Del color rojo en la Luna eclipsada»*.)

llegan los rayos refractados por el Sol, concedo sin dificultad que esta aurora tuya ofrece una explicación mejor que la presencia de los astros junto al Sol, a la que yo atribuía en la página 303 la causa de esta pálida luz [68].

Las estrellas fijas

He terminado con otro capítulo de tu libro y paso al tercero sobre *otros astros*.

Tu primera observación versa sobre el tamaño de las estrellas. Dices que sus cuerpos disminuyen cuando se observan con el anteojo, frente a lo que ocurre con el diámetro de la Luna. También aduces otras causas semejantes y muy verdaderas que yo ya conocía desde hace mucho, en virtud de las cuales disminuyen las estrellas, como es el crepúsculo, el día, las nubes, un velo o un cristal de color.

Cito aquí tus palabras: «El ángulo visual no abarca el cuerpo principal de la estrella, sino el resplandor difundido ampliamente en derredor»; y también: «El anteojo elimina los fulgores postizos de las estrellas».

Quisiera preguntarte, Galileo, si estás de acuerdo con las causas de este efecto que aduzco en mi tratamiento de la visión de la página 266, y sobre todo de la 268, de la

---

[68] *Añadidos a Vitelo,* cap. VII, 4: «De la palidez de la Luna eclipsada», donde atribuye los diversos colores que aparecen en la Luna a «la húmeda esfera de aire que refracta los rayos del Sol» no menos que a la luz de otros astros.

Optica. Pues si nada tienes que objetar, podrás en adelante hablar con propiedad: los puntos luminosos envían sus conos al cristalino, y debido a la refracción producida tras él se concentran de nuevo en un punto. Mas, debido a que dicho punto no llega hasta la retina, se dispersa de nuevo ocupando una pequeña área de la retina en lugar de un punto. Así, la intervención del telescopio hace que, merced a otra refracción, dicho punto se encuentre en la retina. Por tanto, no es el caso que algunos rayos lleguen al ojo procedentes del resplandor que rodea por fuera a las estrellas, sino que, por el contrario, los rayos que provienen del propio cuerpo luminoso se dispersan por efecto de las refracciones y la dilatación nocturna de la apertura de la úvea, proyectando un resplandor en torno al punto de la retina que debería representar la estrella. El anteojo no quita en la Tierra nada que las estrellas tengan en el cielo, sino que elimina de la retina toda la luz que sobra. Otra gratísima observación tuya es la de las formas radiantes de las fijas, distintas de las formas circulares de los planetas. ¿Qué otra cosa se desprende de ello, Galileo, sino que las fijas emiten sus luces desde dentro, mientras que los opacos planetas se iluminan desde fuera; esto es, para decirlo con palabras de Bruno, que aquéllas son Soles y éstos Lunas o Tierras? Con todo, para que éste no nos arrastre a su doctrina de los infinitos mundos, tantos cuantas fijas hay y todos ellos semejantes al nuestro, viene en nuestra ayuda tu tercera observación sobre la innumerable multitud de las fijas, que es superior a la conocida por los antiguos, no dudando en estimar que se ven más de diez mil estrellas. Cuanto más numerosas y más frecuentes, tanto más fuerte es mi argumento expuesto en el capítulo XXI del libro sobre la nueva estrella en contra de la infinitud del mundo, que demuestra que este lugar donde moramos los hombres con nuestro Sol y los planetas es la cavidad principal del mundo, no pudiendo ocurrir que desde ninguna de las fijas se vea una configuración del mundo como la que se observa desde nuestra Tierra o incluso desde el Sol. Renuncio en aras de la brevedad a describir el pasaje, aunque quien lo lea en su totalidad quedará convencido [69].

Sirva esta argumentación para apoyar dicho pasaje. A mí, que soy de vista débil, una estrella grande como el Can me parece de tamaño un poco menor que el diámetro de la Luna si tomo en cuenta los rayos resplandecientes, mientras que los que poseen una visión correctísima y se sirven de instrumentos astronómicos, con los que no se presentan estas cabelleras tal y como ocurre a simple vista, describen la magnitud del diámetro de las estrellas con minutos y fracciones de minuto. Pues bien, si tomásemos sólo mil de las fijas, no siendo ninguna de ellas mayor de un minuto (si bien la mayoría de las registradas son mayores) y si las juntásemos todas en una superficie redonda, igualarían (y aun superarían) el diámetro del Sol. ¿Cuánto más no habrían de superar en tamaño visible a la imagen del orbe solar diez mil pequeños discos de estrellas reunidos en uno? Si esto es cierto, y si dichos Soles son del mismo tipo que nuestro Sol, ¿por qué todos esos Soles no superan en resplandor a este Sol nuestro? ¿Por qué todos ellos transmiten una luz tan débil a los lugares más

[69] Galileo es extremadamente cauto sobre el tema de la infinitud del mundo que, entre otros motivos, había llevado a Giordano Bruno a la hoguera en 1600. Kepler niega la infinitud no tanto por motivos religiosos cuanto por argumentos cosmológicos relativos a la distribución de los astros. En efecto, si el mundo fuese infinito, las estrellas deberían hallarse uniformemente distribuidas por el espacio, pues no había razones armónicas para privilegiar un lugar sobre otro en un espacio infinito y uniforme. Sin embargo, no es ése el caso. En el capítulo XXI del libro sobre la nova de la constelación de la Serpiente (citado en la nota 66), especialmente en las páginas 689 y siguiente, indica que existe un gran hueco en el universo, ocupado por nuestro sistema planetario con un solo Sol en el centro que resulta visible desde cualquier otra estrella. Por tanto, es éste un «lugar peculiar», peculiaridad que sólo se puede explicar porque constituya el centro de las fijas. Y si algo tiene un centro, es finito, pues lo infinito carece de él. (El lector no deberá juzgar con excesiva severidad este tipo de argumento de comienzos del siglo XVII; véase el capítulo III del libro de A. Koyré, *Del mundo cerrado al universo infinito,* Madrid, Siglo XXI, 1979.)

abiertos, siendo así que el Sol que brilla en una cámara cerrada a través de un agujero practicando con la diminuta punta de una aguja inmediatamente supera la claridad de las propias fijas; y siendo la diferencia casi infinita, cuál habría de ser si se retirase toda la habitación? ¿Me dices que se hallan alejadísimas de nosotros? De nada sirve, pues cuanto más lejos están tanto mayor que el diámetro del Sol es el de cada una de ellas. ¿Que tal vez el éter interpuesto las oscurece? Ni hablar; pues las vemos con sus centelleos y con sus diversas formas y colores, lo que no ocurriría si la densidad del éter representase algún obstáculo [70].

Así pues, queda bastante claro que el cuerpo de nuestro Sol es en inestimable medida más luminoso que todas las fijas, y en consecuencia este mundo nuestro no forma parte de una promiscua grey de infinitos otros. Sobre esto escribiré más adelante muchas cosas [71].

Tienes muchos testigos oculares de la innumerabilidad de las estrellas. Se dice que los rabinos cuentan más de 12.000; conocí a un religioso que cierta noche sin Luna contó más de 40 en el escudo de Orión, y Maestlin clasifica las mayores de las Pléyades, si no me equivoco, en 14 grados no inferiores a los órdenes de magnitud.

---

70 Este tipo de argumento contra la infinitud de las fijas fue reelaborado por otro astrónomo alemán, Heinrich W. M. Olbers (1758-1840) en el año 1826, bajo la forma de lo que se llegaría a conocer como «la paradoja de Olbers». Suponiendo que haya infinitas estrellas de luminosidad media igual y uniformemente distribuidas, la cantidad de luz que recibiríamos de ellas sería infinita y la bóveda celeste nocturna aparecería completamente iluminada. En efecto, podemos considerar que las estrellas están dispuestas en capas concéntricas en torno a la Tierra. La superficie de dichas capas (y el número de estrellas que contienen) aumenta como el cuadrado del radio. Así, aunque la intensidad de la luz de cada estrella disminuya como el cuadrado de la distancia, esa disminución se ve exactamente compensada por el aumento del número de fuentes luminosas de cada capa, y cada una de éstas nos suministrará la misma cantidad de luz. Es así que hay infinitas capas, luego... *q. e. d.*

71 Véase más abajo, pp. 138-140, al hablar de los satélites de Júpiter.

Las nebulosas

Hiciste las delicias de astrónomos y físicos al descubrir la naturaleza *de la Galaxia, las nebulosas y las convoluciones nebulosas,* confirmando a quienes anteriormente afirmaban lo mismo que tú en el sentido de que no eran sino una reunión de estrellas, cuyas luces se confunden por la torpeza de la visión. Así pues, que dejen en adelante de hacer salir, como Brahe, cometas y nuevas estrellas de la Vía Láctea, a fin de no introducir absurdamente la corrupción en los perfectos y perennes cuerpos del mundo [72].

Los satélites de Júpiter

Paso ahora contigo a los *nuevos planetas,* tema muy admirable de tu opúsculo, conversando contigo a este respecto sobre unas pocas cosas más de las que señalé al comienzo [73].

Ante todo, estoy contentísimo de haber nacido en gran medida de nuevo gracias a tus trabajos. Si hubieras encontrado planetas girando en torno a una de las fijas, ya tenía yo reservadas cadenas y cárcel junto a las innumerabilidades de Bruno, o incluso más bien el exilio en aquel infinito. Así pues, me libraste ahora del gran temor que me embargó con las primeras noticias de tu libro provinientes de las expresiones de triunfo de mi enemigo [74], al señalar que estos cuatro planetas no discurren en torno a una de las fijas, sino en torno al astro de Júpiter.

En verdad, Wackher había concebido de nuevo una

---

[72] Tycho Brahe explicaba el nacimiento de la nova de 1572 a partir de la sustancia celeste estelar *(Ejercicios preparatorios,* I), idea que acepta Kepler en el capítulo XXII de su libro *De la nueva estrella en el pie de la Serpiente* (: «La materia de la nueva estrella sería celeste y de su nacimiento»), formándola a base del éter de la Vía Láctea (p. 692). Cambia ahora de opinión e incluso juega (sólo juega) con la idea aristotélica de la ausencia de generación y corrupción en los cielos.

[73] Véase más arriba, las pp. 100 y ss. y las notas 8 y 9.

[74] Wackher; véase más arriba, la p. 100.

gran admiración por aquella temible filosofía que hace tantos años no sólo había introducido conjeturalmente, sino que incluso habría establecido claramente con demostraciones aquello que muy recientemente habría visto Galileo con sus ojos. No sin gran mérito se tornan famosos quienes en similares áreas de la filosofía se adelantan a los sentidos con la razón. ¿Quién no considerará que la nobleza de la doctrina astronómica, que sin haber sacado nunca los pies de Grecia predijo con todo las características de la zona helada, es mayor sea que la experiencia de César al percatarse mediante una clepsidra de que las noches eran en el litoral británico un poco más cortas que las de Roma, sea que la invernada de los belgas en Septentrión[75], ciertamente asombrosa, aunque imposible sin el conocimiento de esa doctrina? ¿Quién no celebra la fábula de Platón sobre la Atlántida, la de Plutarco sobre las doradas islas más allá de Tule o los versos agoreros de Séneca sobre el futuro descubrimiento de un nuevo orbe, una vez que nos ha sido ofrecido por ese argonauta florentino[76]? El propio Colón hace dudar a sus lectores de si admirar más su ingenio al conjeturar la existencia del nuevo orbe por el soplo de los vientos o el valor de enfren-

---

75 Véase *Añadidos a Vitelo,* cap. IV, 9: «De la observación de los holandeses en el alto Septentrión». Kepler se refiere a la expedición holandesa que intentó llegar a oriente navegando por el norte de Europa, viéndose atrapada por los hielos en Nueva Zembla. J. H. Hemskerken, J. C. Ryp y W. Barentson salieron de Amsterdam rumbo a las Indias orientales en mayo de 1596 y volvieron, tras abandonar la nave, en octubre del año siguiente. Gerardo de Vera (Gerrit de Veer) publicó una *Historia de la navegación por el Artico* en Amsterdam, 1598, donde da cuenta del fenómeno de la salida del Sol catorce días antes de lo indicado por los cálculos para los 76° N, que Kepler aborda teniendo en cuenta la refracción. Sobre las mediciones de César, véase *La guerra de las Galias,* V, 13, 4. No parece que los astrónomos griegos predijesen nada relativo a las tierras heladas allende el círculo polar y ni siquiera parecieron aceptarlas cuando volvió de ellas Piteas de Marsella (hacia el 300), siendo tomado por un cuentista de viajes fantásticos.

76 Según Rosen, *op. cit.,* quizá Américo Vespucio, que era florentino.

tarse a mares ignotos y a un inmenso océano, junto con la alegría de lograr lo que buscaba.

Es evidente que en mi campo son portentosos Pitágoras, Platón y Euclides, pues basándose en la preeminencia de la razón concluyeron que no podía ocurrir sino que Dios aparejase el mundo tomando como modelo los cinco cuerpos regulares, si bien erraron en el procedimiento. Por el contrario, la alabanza del vulgo será para Copérnico, quien en virtud de un ingenio nada vulgar hizo con todo una descripción del mundo cuasi ocular, sacando sólo a la luz τό ὅτι [77]. Kepler sigue de lejos a los antiguos y de la visión ocular del sistema copernicano, cual ἐκ τον ὅτι, asciende a las causas y al το διοτι que Platón habría proclamado *a priori,* de arriba abajo, hace ya tantos siglos. Muestra que en el sistema del mundo copernicano se halla plasmada la razón de los cinco cuerpos platónicos. No es ni absurdo ni resultado de la envidia esto de poner a los antiguos por delante de los modernos, sino que lo exige la misma naturaleza de las cosas. En efecto, mayor es la gloria del arquitecto de este mundo que la de quien lo contempla por más ingenioso que sea, ya que aquél sacó de sí mismo las razones de la construcción, mientras que éste apenas averigua con gran trabajo las razones plasmadas en la obra, por lo que no cabe duda de que quienes conciben en su mente las causas de las cosas antes de que se manifiesten a los sentidos se parecen más al arquitecto que los otros que lucubran acerca de las causas después de ver las cosas. Por tanto, Galileo, no envidiarás a nuestros antecesores la gloria de haber predicho hace tanto tiempo que era necesariamente así eso que tú recientemente dices haber visto con tus ojos. Con todo, tendrás tu gloria, pues del mismo modo que Copérnico y yo con él [78] hemos demostrado el error de los antiguos en el modo de concebir cómo se plasmaban en el mundo los cinco

---

[77] Esto es, *el cómo* (τό ὅτι) y no *el por qué* (τό διότι): mientras que Copérnico habría hecho una descripción correcta del mundo tal y *como* es, Kepler va más lejos y busca la razón de *por qué* lo que es es tal y como es. (Recuérdese lo dicho en la nota 8.)

[78] Copérnico no tiene nada que ver con este tipo de ideas.

cuerpos, substituyéndolo por el procedimiento genuino y muy verdadero, así tú corrijes y en parte tornas dudosa esa doctrina que nuestro Bruce[79] toma de Bruno. Creían ellos que también otros cuerpos estaban rodeados por sus Lunas como nuestra Tierra por la suya. Pero demuestras que hablaban en términos generales, pues pensaban que eran las estrellas fijas las que así se hallaban rodeadas. Bruno incluso expresa la razón por la que necesariamente haya de ser así, pues las fijas serían de naturaleza ígnea y solar, mientras que los planetas serían de naturaleza acuosa y, por una inviolable ley de la naturaleza, estas cosas diversas se combinarían, no pudiendo carecer ni el Sol de los planetas ni el fuego de su agua, ni viceversa ésta de aquél. Mas hete aquí que tus observaciones ponen al descubierto la debilidad de sus razones. En primer lugar, concediendo que cada una de las fijas sea un Sol, hasta ahora no se ha visto que las rodee ninguna Luna. En verdad, este extremo permanecerá en la incertidumbre hasta que lo detecte alguien dotado de una admirable capacidad observacional, que es con lo que a juicio de algunos nos amenaza este logro tuyo. Ahora bien, Júpiter es uno de los planetas a los que Bruno llama Tierras, y he aquí que hay en torno a él otros cuatro planetas, si bien el argumento de Bruno no afirmaba tal cosa de las Tierras, sino de los Soles.

Entretanto, tampoco en este lugar puedo dejar de extraer de tus descubrimientos estos aspectos chocantes, recordando que no es inverosímil que haya habitantes no sólo en la Luna, sino también en el mismo Júpiter, ahora que por vez primera se desvelan estas regiones (como en una muy reciente reunión de algunos filósofos se señaló alegremente). Pero, tan pronto como se establezca algún sistema para volar, no faltarán colonos de nuestra especie humana. ¿Quién creería antaño que la navegación por el vastísimo océano sería más tranquila y segura que por el angostísimo golfo del Adriático, por el mar Báltico o por el estrecho inglés? Supón que haya naves o velas adecua-

---

[79] Edmund Bruce, mencionado en la nota 12.

das a los vientos celestes y habrá quienes no teman ni siquiera a esa inmensidad. Así pues, fundemos una astronomía yo lunar y tú, Galileo, jovial para quienes casi de inmediato van a emprender este viaje.

Insertemos con humor estas cosas como maravilla de la audacia humana que especialmente en este siglo se ofrece a los hombres. Los misterios venerables de la historia sagrada no son para mí ridículos.

Mas tampoco he considerado que no mereciese la pena dar de pasada un tirón de orejas a la filosofía más excelsa. Estime si acaso el supremo y providente guardián de la especie humana consiente en algo inútil y por qué determina abrirnos en este preciso momento, cual providente despensero, estas recónditas estancias de sus moradas, como proponía nuestro compañero Tomás Seget, varón de gran saber; o si, como yo respondía, Dios creador conduce progresivamente a la totalidad de los hombres de descubrimiento en descubrimiento cual si se tratase de un muchacho que crece y paulatinamente madura (así, hubo un tiempo en que se desconocía la diferencia que hay entre los planetas y las fijas, y mucho tardó en darse cuenta Pitágoras o Parménides de que la estrella vespertina y la matutina eran la misma [80], no existiendo tampoco mención alguna de los planetas en Moisés, Job o los Salmos). Reflexione, pues, y examine de algún modo hasta dónde ha progresado en el conocimiento de la naturaleza, cuánto resta y qué les cabe esperar a los hombres en el futuro.

Mas retornemos a consideraciones más modestas y finalicemos lo iniciado. Así pues, si hay cuatro planetas girando en torno a Júpiter con diversas distancias y períodos, ¿cuál es su finalidad, pregunto, si nadie hay en el globo de Júpiter que capte con su mirada tan admirable variedad? Pues, por lo que a nosotros respecta acá en la Tierra, no veo con qué razones me habrá de persuadir alguien para que crea que nos sirven a nosotros perfectamente, ya que

---

[80] *Hesperus* y *Phosphorus;* en realidad Venus (o Mercurio), que al hallarse siempre junto al Sol sólo se ve poco después del atardecer o antes del amanecer.

nunca los vemos[81], y tampoco es probable que todos nosotros, armados, Galileo, con tus anteojos, nos dediquemos de ahora en adelante a observarlos en masa.

Pienso que este es el lugar adecuado para salir al paso de cierta sospecha. Hay quienes consideran vana nuestra astrología terrestre o, para decirlo con propiedad, la doctrina de los aspectos, dado que hasta ahora habíamos ignorado el número de los planetas que forman un aspecto. Pero se equivocan, pues los astros influyen sobre nosotros mediante sus modulaciones con las que sus movimientos se insinúan en esta Tierra. Influyen, pues, mediante los aspectos, siendo un aspecto la inclinación del ángulo formado en el ojo o el centro de la Tierra. Esto es, no influyen ellos mismos sobre nosotros, sino que en virtud de sus aspectos inhiben y estimulan las facultades terrestres que participan en el sistema al margen del razonamiento, por mera inspiración. Ahora bien, Galileo, de tus observaciones se desprende que estos cuatro son diminutos, no alejándose nunca de Júpiter más de 14′, de manera que toda la órbita del planeta externo es menor que el disco del Sol o de la Luna. Por este motivo he de conceder que su diminuta magnitud no les impide a todos ellos actuar conjuntamente para influir sobre las facultades sublunares, si bien, merced a la dimensión del diámetro, esos cuatro junto con Júpiter, el centro de sus trayectorias, tan sólo podrá igualar en conjunto al Sol (aunque rara vez) en algún aspecto duradero.

De este modo se mantiene en pie la astrología, al tiempo que se torna evidente que estos cuatro nuevos planetas

---

[81] Kepler, que era en astronomía casi tan concienzudo como en astrología, consideraba que las configuraciones de los planetas (los ángulos que forman desde la Tierra o *aspectos)* influían sobre las cosas terrestres, cosa incuestionable si reparamos en las estaciones y en los lunáticos. (Dicho sea de paso, los horóscopos de Kepler eran muy buenos.) De ahí su preocupación porque la existencia de nuevos planetas nunca vistos echase por tierra y cubriese de ridículo todo el trabajo astrológico anterior. (Sobre las razones a favor de la astrología, entonces objeto de enconadas disputas, véase su libro *Sobre los más ciertos fundamentos de la Astrología,* 1602.)

no se orientan primariamente a los que nos hallamos en la Tierra, sino que sin duda se relacionan con las criaturas joviales que viven en el globo de Júpiter.

Se trata de algo especialmente claro para quienes contigo, Galileo, y conmigo siguen a Copérnico en su sistema del mundo, pues vemos que en él la Luna, planeta circunterrestre, se halla de tal modo dispuesta que no se puede considerar destinada a otras esferas, sino tan sólo a la Tierra, cuya órbita ciñe con la suya. El diámetro de su órbita se estima en la vigésima parte del diámetro del orbe magno de la Tierra en torno al Sol, aunque yo considero que apenas llega a la trigésima [82]. Así pues, visto desde el Sol, subtiende [un ángulo] menor de 3° o, según yo, menor de 2° [83]. Mas, dado que la altura de Saturno es el décuplo y la de Júpiter casi el quíntuplo, vista desde Saturno nuestra Luna no podrá alejarse de la Tierra más de 18′ ó 12′, y desde Júpiter unos 36′ ó 24′, de donde su relación con los habitantes de Saturno y Júpiter es claramente la misma que la de los planetas circunjoviales con nosotros, criaturas terrestres. Tampoco discrepa la razón de los tamaños. Así, suponiendo que la paralaje del Sol [84] sea 3′, aunque considero que es mucho menor, la Tierra vista desde el Sol tendrá 6′ y la Luna uno y medio. Pero la Tierra es mucho menor, por lo que la Luna disminuirá

[82] El cómputo clásico de Ptolomeo (*Almagesto,* V, 15) da una razón entre las distancias Tierra-Sol y Tierra-Luna (en radios terrestres) de 1.210 : 50 (= 20,5), mientras que de hecho es (aproximadamente, en kilómetros) de 15×10^7: 38×10^4 (= 395 en números redondos). Kepler aumentó sucesivamente la estimación del orbe magno u órbita terrestre.

[83] La tangente de ese ángulo es la razón de los radios (o diámetros) de la órbita lunar y terrestre:

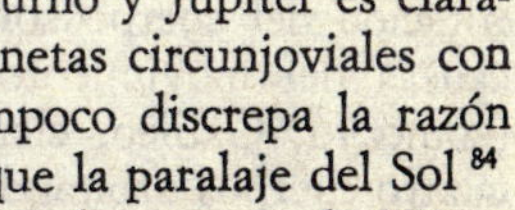

tg a = 1/20 ó 1/30; a = 2,8° ó 1,9°. Desde Saturno, tg a = 1/200 ó 1/300; a = 17,16′ ó 11 ½′. Desde Júpiter, tg a = 1/100 ó 1/150; a es aproximadamente algo más de 34 o 23 minutos.

[84] El ángulo que subtiende el radio de la Tierra desde el Sol.

y no llegará a 1′. Visto desde Saturno, parecería quizá de 6″ y de 12″ desde Júpiter. Así pues, está claro que nuestra Luna es para los que estamos en la Tierra y no para los demás globos, mientras que esas cuatro lunitas que se hallan en Júpiter no son para nosotros, sino que los cuerpos que orbitan sirven respectivamente a cada uno de los globos planetarios y a sus habitantes. De estas consideraciones concluimos que es muy grande la probabilidad de que existan habitantes en Júpiter, algo que también pensaba Tycho Brahe basándose exclusivamente en la enormidad de esos globos. Asimismo, con gran agudeza aduce Wackher que también Júpiter gira como nuestra Tierra en torno a su eje, de manera que el giro aquél de las cuatro Lunas siga a aquella rotación, a la manera en que el giro de nuestra Luna sigue en la misma dirección la rotación de nuestra Tierra. Por consiguiente, acepta ahora al fin las explicaciones magnéticas mediante las que, en mi reciente comentario sobre la física celeste [85], atribuía a la rotación del cuerpo solar en torno al eje y los polos las causas del movimiento de los planetas. No cabe duda (como tú, Galileo, elegantemente infieres [86]) que si hay cuatro cuerpos orbitando en torno a Júpiter, mientras éste sigue un curso de doce años, no será absurdo lo que dijo Copérnico de que hay asimismo una Luna que acompaña a la Tierra en su movimiento anual.

Si hay en el cielo globos semejantes a nuestra Tierra, ¿qué pasa?, preguntarás, ¿acaso rivalizaremos con ellos acerca de quién ocupa el mejor puesto en el mundo? Pues, en efecto, si sus globos son más nobles, no seremos nosotros las más nobles de las criaturas racionales. ¿Cómo habrían de ser entonces todas las cosas para el hombre? ¿Cómo habríamos de ser los señores de la creación divina?

---

[85] *Astronomía nueva.* Las explicaciones magnéticas aparecen sobre todo en los capítulos 32-39. Sobre los diversos tipos de fuerzas a distancia que usa Kepler, véase Alberto Elena, «On the different kinds of attractive forces in Kepler», *Arch. Int. Hist. Sci.* (1983).

[86] *La gaceta sideral,* p. 89.

Difícil es deshacer este nudo, pues aún no hemos explorado todas las cosas pertinentes, de modo que difícilmente podremos evitar ser tildados de temerarios si nos extendemos en este tema.

Con todo, no dejaré de exponer los argumentos filosóficos que me parece que se pueden aducir no sólo para demostrar en general, como más arriba [87], que este sistema de planetas en uno de los cuales moramos nosotros los hombres se halla en el principal seno del mundo y en torno a su corazón, el Sol, sino también para demostrar en concreto que nosotros los hombres habitamos aquel globo que corresponde claramente a las criaturas racionales principales y más nobles (de las corpóreas).

Sobre la primera afirmación relativa al seno interior del mundo, véanse los argumentos anteriores extraídos de la multitud de las fijas que como un muro rodean realmente esta oquedad, y de la claridad de nuestro Sol superior a la de las fijas. Añade a ellas este tercero que el otro día me arrancó Wackher, pareciendo con su silencio estar de acuerdo. La Geometría es una y eterna, y resplandece en la mente divina, siendo la participación en ella concedida a los hombres una de las causas de que éste sea imagen de Dios. Ahora bien, en la Geometría, a parte de la esfera, el tipo más perfecto de figuras es el formado por los cinco cuerpos euclídeos, pues este nuestro mundo planetario ha sido ordenado tomándolos como norma y arquetipo [88]. Suponte, pues, que haya otros infinitos mundos que habrán de ser o distintos o iguales al nuestro. No pretenderás que sean iguales, pues ¿para qué habrían de ser infinitos si uno cualquiera de ellos contiene en sí toda perfección? Otro cosa son las criaturas que se perpetúan por la sucesión de las generaciones. Incluso el propio Bruno, defensor de la infinitud, considera necesario que cada uno de ellos difiera de los demás por los tipos de movimientos. Y si difieren en los movimientos, también diferirán en las distancias que engendran los períodos de los

[87] Véase más arriba, pp. 134-135.
[88] Recuérdese lo dicho en la nota 8.

movimientos[89]. Y si difieren en las distancias, también diferirán en el orden, tipo y perfección de las figuras, que es de donde salen las distancias[90]. Además, si afirmases la existencia de mundos en todo semejantes entre sí, harías también semejantes a las criaturas, con tantos Galileos como mundos, observando nuevos astros en nuevos mundos. ¿Para qué? ¿Por qué, en una palabra, no evitamos incurrir en el proceso infinito que admiten los filósofos, y ya que se dice que es finito el camino hacia lo menor, por qué no también el que lleva a lo mayor? Tomemos la esfera de las fijas; la de Saturno es quizá una tresmilésima parte de aquélla, la de la Tierra es una décima parte de ésa, el hombre es a su vez trescientas mil veces menor que el diámetro de la Tierra, y un conducto subcutáneo es una pequeña parte del hombre. Aquí nos detenemos, pues la naturaleza no pasa a cosas menores[91]. Tomemos ahora el

---

89 La fuerza del cuerpo central disminuye como la distancia, ya que sus emanaciones se expanden en un plano y las circunferencias por las que actúan (y en las que se rarifican) son proporcionales al radio. Como Kepler sigue siendo aristotélico en su aceptación de que las velocidades son como las fuerzas, de modo que a una fuerza constante corresponde una velocidad uniforme, los períodos aumentarán como los radios.

90 Según el esquema del *Misterio cosmográfico* (nota 8), las distancias obedecen al encaje de esferas planetarias y poliedros regulares.

91 Kepler estima en poco la distancia de las estrellas (véase el cálculo que hace en *De la nueva estrella,* cap. XV), dado que la más cercana, *Proxima Centauri,* se halla a 272.000 u.a. (una unidad astronómica es la distancia media entre el Sol y la Tierra). Saturno se encuentra a 9,4 u.a. de nosotros, veintiocho mil quinientas veces más próximo y no tres mil veces como cree Kepler. La estimación del tamaño de la esfera de Saturno (10 frente a 9,4) está francamente bien. Dado que el diámetro terrestre tiene aproximadamente 12.780.000 m., el cómputo de Kepler nos daría ciudadanos de algo más de 42 m. No es que hayamos menguado, sino que el radio terrestre contiene bastantes más ciudadanos. En *De la nueva estrella* (final del cap. XVI), ofrece un cálculo más ajustado de 3.100.000 hombres en el radio, con una altura media digna de jugadores de baloncesto (algo por encima de los 2 m.). En cuanto a considerar que un poro cutáneo sea la parte menor del cuerpo humano, repárese en que el microscopio es posterior al

otro cuerno del dilema, según el cual hay infinitos mundos distintos del nuestro. Estarán entonces provistos de figuras distintas de las cinco perfectas, por lo que serán menos nobles que este nuestro. De ahí se deduce que este mundo nuestro es mucho más excelso que todos los demás, si es que hay varios. Digamos ya también por qué la Tierra es mejor que el globo de Júpiter y más digna de constituir la sede de la criatura dominante.

En verdad, el Sol está en el centro del mundo, es el corazón del mundo, la fuente de la luz, la fuente del calor, el origen de la vida y del movimiento mundanal. Y parece que el hombre debe renunciar con ecuanimidad a ese trono regio. El cielo es para el Señor celestial, el Sol de la justicia, si bien otorgó la Tierra a los hijos de los hombres. Pues si bien Dios no tiene cuerpo ni precisa de un habitáculo, con todo, más poder con que gobernar el mundo se manifestará en el Sol (en el cielo, como se dice en varios lugares de las Escrituras) que en los demás globos. Percátese, pues, el hombre por lo distinto de su habitáculo de su propia indigencia y de la magnificencia de Dios; percátese de que no es la fuente y origen del ornato del mundo, sino que depende de la verdadera fuente y origen. Añade a esto lo dicho en la Optica [92] acerca de que, puesto que el hombre ha sido creado para la contemplación, dotado y equipado con ojos, no podría permanecer inmóvil en el centro, sino que debería realizar un viaje anual en este navío terrestre a fin de llevar a cabo inspecciones, a la manera en que quienes se dedican a medir cosas inaccesibles van de estación en estación para ajustar mediante la distancia entre esas estaciones la base del triángulo de medición.

---

telescopio, si bien Galileo lo utiliza para observar insectos ya en 1610.

[92] Cuando Kepler habla en los *Añadidos a Vitelo* del uso de las paralajes para calcular las distancias del mundo, alaba frecuentemente la sabiduría divina que al ponernos en una Tierra en movimiento nos permite utilizar un conveniente sistema de triangulación. Véase sobre todo el cap. IX, «De las paralajes», especialmente los apartados 3-5.

Por tanto, después del Sol no hay esfera alguna más noble y adecuada al hombre que la Tierra, pues para empezar se halla en el medio de las esferas principales (dejando aparte, como es justo, estos cuerpos que giran [en torno a Júpiter] y la esfera lunar circunterrestre), teniendo por encima a Marte, Júpiter y Saturno, y discurriendo por debajo de lo que abarca su órbita Venus, Mercurio y el Sol que gira en el centro, provocando todos los desplazamientos [93], verdadero Apolo, nombre frecuentemente usado por Bruno. Luego, del mismo modo que los cinco cuerpos se dividen en dos clases, tres primarios: el cubo, el tetraedro y el dodecaedro, y dos secundarios: el icosaedro y el dodecaedro [94], la órbita de la Tierra separa como una cerca ambos órdenes, tocando los centros de las 12 caras del dodecaedro superior y los 12 ángulos del correspondiente icosaedro inferior. De este modo, aunque sólo sea por su posición entre esas figuras, el orbe de la Tierra es más notable que todos los demás.

En tercer lugar, desde la Tierra apenas vemos a Mercurio, el último de los planetas primarios, por culpa de la próxima y excesiva claridad del Sol. ¿Cuánto menos visible no habrá de ser Mercurio desde Júpiter o Saturno? Así pues, parece que con gran sabiduría se ha otorgado este globo al hombre para que pueda contemplar todos los planetas. Por otro lado, ¿quién habrá de negar que para compensar aquellos planetas ocultos a los de Júpiter y que vemos nosotros, los terrícolas, se le han conferido a Júpiter otros cuatro para compensar el número de los

---

93 Recuérdese lo dicho en la nota 46. La rotación solar fue descubierta un par de años más tarde por Galileo gracias a la observación de las manchas. Kepler la había afirmado antes en virtud de la necesidad de explicar causalmente el movimiento de los planetas según la disposición copernicana. De este modo Kepler supera, según sus propios criterios (más arriba, pp. 138-139), a Galileo, ya que mientras éste descubre y describe hechos al modo de Copérnico, él, al desentrañar el plan armónico del Arquitecto cósmico, puede predecir las cosas.

94 Esta división de los sólidos regulares se expone en el breve capítulo III del *Misterio cosmográfico.*

cuatro inferiores, Marte, la Tierra, Venus y Mercurio, que giran en torno al Sol dentro de la órbita de Júpiter?

Ténganlos, pues, las criaturas de Júpiter para su solaz, permítaseles tener también cuatro planetas propios ordenados según la norma de la clase de los tres cuerpos rómbicos, uno de los cuales (cuasi-rómbico) es el propio cubo, el segundo, cuboctaédrico, el tercero, icosidodecaédrico [95], de 6, 12 y 30 caras cuadriláteras. Tengan, insisto, los suyos propios. Nosotros, los hombres terrícolas, podemos alegrarnos con motivo (digo yo) de la notabilísima morada de nuestros cuerpos, debiendo estar agradecidos a Dios creador.

Ha sido para mí un gran placer conversar filosóficamente contigo, Galileo, acerca de las nuevas perplejidades que has planteado con tus experiencias.

Mas, dado que muy a menudo he aludido a la estructura del mundo a base de los cinco cuerpos regulares, de acuerdo con mi Misterio Cosmográfico, eliminaré completamente en tres palabras la objeción mencionada al comienzo de esta carta.

Puesto que estos cuatro planetas giran en torno a Júpiter según órbitas muy ceñidas, nadie habrá de temer que vayan a poner en peligro mi argumentación sobre la intercalación de las figuras de Pitágoras entre los planetas. Más bien confío en que estos circunvaladores de Júpiter, así como también los de otros planetas, si es que los tienen, eliminarán completamente la discrepancia que aún persiste. El circunvalador de la Tierra, esto es, la Luna, cuya órbita en torno a la Tierra no pude pasar por alto al abordar seriamente este tema, apunta a la razón que tuvo Dios para intercalar entre las figuras [96] esos circun-

---

95 Desde finales del siglo XVI, Kepler investigó la construcción a base de rombos de cuerpos similares a los cinco poliedros regulares y a los 13 semirregulares de Arquímedes, descubriendo estos dos antes de 1599. El cuboctaédrico es un dodecaedro rómbico en el que las diagonales de las caras son las aristas del cubo y del octaedro; el icosidodecaedro es un triacontaedro (30) rómbico en el que las diagonales de las caras son aristas del icosaedro y del dodecaedro (véase Rosen, *op. cit.*, pp. 148-9).

96 Esto es, los sólidos regulares.

valadores. Incluso ahora, al revisar las órbitas y movimientos de Marte, la Tierra y Venus de acuerdo con las observaciones de Brahe, me doy cuenta de que las distancias son un poco grandes, pues si los vértices del dodecaedro se extienden hasta el perihelio de Marte, los centros de las caras no alcanzan hasta la Luna en su apogeo cuando la Tierra está en el afelio; ni tampoco los centros del icosaedro acomodados al afelio de Venus alargan los ángulos del icosaedro hasta la Luna en su apogeo con la Tierra en el perihelio. Lo cual demuestra que sobra un cierto espacio entre el perihelio de Marte y los ángulos del dodecaedro, lo mismo que entre los centros del icosaedro y el afelio de Venus. Y lo que resulta asombroso es que aquél es un poco mayor que éste. Confío, pues, en que me resultará muy fácil colocar en dichos espacios pequeños las Lunas circunmarciales y circunvenéreas si alguna vez las descubres, Galileo[97].

Explicación del cambio de tamaño aparente de los satélites

Contigo comencé, Galileo, y contigo habré de terminar. No sin motivo te admiras de que los astros Medíceos cambien de aspecto presentando tanta variación de tamaño[98]. Refutas sutil y matemáticamente tres causas que a cualquiera se le ocurrirían. Propones como posible una física, de la que el tiempo dirá[99]. No obstante, se me ocurre a mí la siguiente: si estos cuatro planetas tienen forma de disco y giran con un plano mirando hacia Júpi-

---

97 *Deimos* y *Phobos,* los dos satélites de Marte, fueron descubiertos por los norteamericanos durante la oposición de 1877. (Ignoro si alguien se ha molestado en calcular si enjugan el déficit de la hipótesis de Kepler, y a nadie le importa lo más mínimo.) Los satélites de Venus no han aparecido por ninguna parte.

98 Véase *La gaceta sideral,* p. 90.

99 Un tiempo ciertamente breve. Kepler rechazará esta explicación, así como la que él mismo aduce un poco más abajo, en la *Narración sobre los cuatro satélites errantes de Júpiter,* etc., Frankfort, 1611, pp. 509-510 (del vol. II de Frisch).

ter, cuando se hallen en el alejamiento máximo se presentarán al Sol y a nosotros como una línea, mientras que por encima y por debajo recibirán la luz perpendicularmente y parecerán grandes, mostrando quizá diferentes colores debido a la diversidad de las superficies planas. Baste con señalarlo. Sólo me resta, celebérrimo Galileo, pedirte vehementemente que te entregues en cuerpo y alma a la observación y que cualquier cosa que consigas observar nos la comuniques cuanto antes, y finalmente no tomes a mal ésta mi prolijidad y franqueza a la hora de hablar sobre la naturaleza. Adiós.

Praga, 19 de abril de 1610.

Posdata. Si hubiera esperado un día más, habría podido resarcir mi deuda con Galileo. En efecto, el catálogo de la feria de Frankfort trajo una nueva, no como la plausible aunque inaudita de Galileo, sino, por el contrario, en extremo absurda aunque frecuentemente esgrimida, según la cual un tal Tomás *Gephirander* habría cuadrado el círculo [100]. Todavía no hemos visto prueba alguna, si bien la razón presta oídos sordos a las primeras noticias.

Otro, Wolfgang *Sattler* de Basilea, saca un Mercurio (el mismo que en otro tiempo se consideraba mensajero de los dioses) anunciando a los astrólogos que el aspecto de treinta grados es eficaz. Le felicito por haberse dado cuenta de esta verdad familiar [101]. Por otro lado, es en

---

[100] Tomás Gephyrander, que pasó, por así decir, a la historia gracias a esta irónica mención de Kepler, publicó una *Nueva consideración sobre el opúsculo de Arquímedes «De la medición del círculo», en la que*... (siguen varias líneas más de título); en la que, entre otras cosas, corrige el valor de π y cuadra geométricamente el círculo según él.

[101] W. Sattler, *Mercurio que a quienes montan a Pegaso orienta entre las estrellas*... (etc.). Usa el medio sextil (doceava parte del círculo o 30°) como uno de los *aspectos* de la Astrología útiles para predecir el tiempo. No se contaba entre los cinco clásicos (véase la nota 31 a *La gaceta sideral),* a los que Kepler

parte un falso mensajero, pues se equivoca acerca del descubridor original. Ya lo había anunciado Maestlin en sus *Tesis sobre la diversidad de los movimientos*, editadas en 1606 [102]. Yo mismo hice uso de ese aspecto desde el año 1603: véase mi *Tercero en discordia* [103], que ha salido en esa misma feria. Lo llamo semisexto y prometo su hermosísima explicación en mi *Harmonía* [104].

añadió otros tres: el quintil, biquintil y semicuadratura (tesis 38 de *Los más ciertos fundamentos de la Astrología)*. El semisextil de Settler ya había sido criticado en el *Misterio cosmográfico* (1596) por no ser musical, aunque se arrepentirá en la segunda edición de 1621 (véase Rosen, *op. cit.*, pp. 153-155).

102 *Disputación* citada en la nota 59.

103 *El tercero en discordia,* Frankfort, 1610.

104 La *Harmonía del mundo* no se publicará hasta 1619.

Apéndice I

Otros descubrimientos astronómicos

1. Las manchas solares

Nota sobre la traducción

Una vez descubierto el uso astronómico del anteojo y mostrado su rendimiento en *La gaceta sideral,* más de uno pudo descubrir las manchas solares. Entre ellos está J. Fabricius, quien con su *Phrysii De Maculis in Sole observatis et apparente earum cum Sole conversione Narratio,* etc., Wittenberg junio de 1611, es el primero en publicar su existencia a base de observaciones realizadas de finales de 1610 a marzo de 1611. Este mismo mes, Galileo está en Roma tratando de demostrar a los escépticos lo exacto de sus observaciones astronómicas, incluyendo entre ellas las manchas solares. Entre los escépticos se encuentra el jesuita P. Guldino, que habla de ellas al P. Cristoforo Scheiner, S. J., quien entre mayo y octubre de 1611 realiza observaciones sobre ellas que comunica a Marco Velser (Marck Welser), de Augsburgo, publicándose a principios de enero de 1612 las *Tres Epistolas de Maculis solaribus* bajo el pseudónimo de *Apelles latens post tabulam.* El día de Reyes, Welser envía un ejemplar a Galileo, a la sazón ausente en Le Selve, pidiéndole su opinión, e insiste a finales de marzo. A su vuelta a Florencia, Galileo responde con tres cartas basadas en nuevas y minuciosas observaciones realizadas con la valiosísima ayuda de Castelli, orientadas a refutar la interpretación conservadora de Scheiner, quien para salvar la aristotélica inmutabilidad de los cuerpos celestes suponía que las manchas eran astros interpuestos entre la Tierra y el Sol. De ahí la importancia que para Galileo tenía demostrar que dichas manchas pertenecían a la propia superficie del Sol. Las tres cartas de Galileo se escribieron entre mayo y diciembre de 1612, imprimiéndose 1.400 ejemplares el 22 de marzo de 1613. Presentamos aquí un extracto de la segunda carta (14 de agosto), según ha sido editada por Favaro, *Opere,* vol. V. Las omisiones se señalan con puntos suspensivos y se añaden títulos en cursiva de nuestra propia cosecha.

ISTORIA
E DIMOSTRAZIONI
INTORNO ALLE MACCHIE SOLARI
E LORO ACCIDENTI

COMPRESE IN TRE LETTERE SCRITTE

ALL'ILLVSTRISSIMO SIGNOR

MARCO VELSERI LINCEO

DVVMVIRO D'AVGVSTA

CONSIGLIERO DI SVA MAESTA CESAREA

DAL SIGNOR

GALILEO GALILEI LINCEO

Nobil Fiorentino, Filosofo, e Matematico Primario del Sereniss.

D. COSIMO II. GRAN DVCA DI TOSCANA.

IN ROMA, Appresso Giacomo Mascardi. MDCXIII.

CON LICENZA DE' SVPERIORI.

HISTORIA Y DEMOSTRACIONES EN TORNO A LAS MANCHAS SOLARES

y sus accidentes
comprendidas en tres cartas escritas
al Ilustrísimo Señor

MARCO VELSER, LINCEO,

Duunviro de Ausburgo,
Consejero de Su Magestad Imperial,
por el señor

GALILEO GALILEI, LINCEO,

Noble florentino, Filósofo y Matemático Principal del Serenísimo
Cosme II, Gran Duque de Toscana

EN ROMA: *Giacomo Mascardi,* 1613

CON LICENCIA DE LOS SUPERIORES.

… … … … … … … … … … … … … … … … …

Características de las manchas e inferencias acerca del Sol

Respondo, pues, a Su Señoría y con la mayor resolución confirmo que las manchas oscuras que por medio del telescopio se observan en el disco solar no están en absoluto alejadas de su superficie, sino que se hallan contiguas a ella o separadas por un intervalo tan menguado que resulta del todo imperceptible. Además, no son estrellas u otros cuerpos consistentes y de naturaleza durable, sino que continuamente se generan unas y se disuelven otras, dándose algunas de breve duración cual es uno, dos o tres días, mientras que otras son de duración más prolongada de 10, 15 y según pienso incluso de 30 y 40 o más, como señalaré a continuación [1]. Son además de

[1] Las manchas solares son afloramientos de vórtices de gas que parecen oscuros (aunque su temperatura sea de 3.800°K) por contraste con la fotosfera, la superficie luminosa visible, que está a 5.700°K. Pueden llegar a durar meses, yendo a veces en parejas

muy irregulares formas que van mutando continuamente, unas con cambios rápidos y muy diversos y otras con más lentitud y menor variación. Vanse alterando también en el incremento y disminución de la oscuridad, mostrando ora cómo se condensan y ora cómo se disgregan y rarifican. Por otro lado, al mudarse en diversísimas figuras, es frecuente ver que alguna de ellas se divide en tres o cuatro y que a menudo muchas se juntan en una; y esto no sólo en las proximidades de la circunferencia del disco solar, sino también en torno a las zonas centrales. Además de estos movimientos desordenados y particulares consistentes en unirse y separarse, condensarse y rarificarse, y mudar de forma, poseen un máximo común y universal movimiento mediante el cual, uniformemente y siguiendo líneas paralelas entre sí, van recorriendo el cuerpo solar. Por los síntomas particulares de tal movimiento se viene a conocer en primer lugar que el cuerpo del Sol es absolutamente esférico y, en segundo lugar, que éste gira sobre sí mismo en torno al propio centro, arrastrando consigo en círculos paralelos las mencionadas manchas, completando una vuelta entera aproximadamente en un mes lunar [2] con revolución similar a la de las esferas de los planetas; esto es, de occidente a oriente. Es asimismo digno de señalar que parece que la multitud de las manchas cae siempre en una banda, o digamos zona, del cuerpo solar que se halla comprendida entre dos círculos que corresponden a aquellos que limitan las declina-

de polaridad magnética opuesta que cambia en cada ciclo. (Quizá sean erupciones de vórtices magnéticos debidos a la rotación diferencial de las diversas partes del Sol. Véase la nota siguiente.) Aunque algunas son varias veces el diámetro terrestre, viéndose a simple vista si se observa el Sol a través de nubes o en cámara oscura, no se reconocieron en Europa hasta 1611 por obra de J. Fabricius, Passignano, Scheiner y, por supuesto, Galileo.

[2] El Sol no es rígido, presentando las partes que se hallan a diversas latitudes una rotación diferencial, cosa que descubrió R. Christopher hacia 1860. El ecuador rota con la mayor velocidad, siendo su período sinódico de 26,9 días; la zona de las manchas (16°N) tiene un período de 27,3 días, mientras que las zonas polares, más lentas, lo tienen de 31,1 días.

ciones de los planetas[3], fuera de cuyos límites no me parece haber observado hasta ahora ninguna mancha, hallándose todas dentro, de manera que no demuestran declinar más de unos 28 o 29 grados, sea al norte o al sur del círculo máximo de la rotación del Sol.

Observaciones y razonamientos

Las diversas densidades y negruras, los cambios de formas y las uniones y separaciones son por sí mismas manifiestas a los sentidos sin que se precisen más argumentos, por lo que bastarán algunas representaciones sencillas de tales accidentes en los dibujos que le envío más abajo. Mas que estén contiguas al Sol y que se vean llevadas a girar por la rotación del mismo es preciso que la razón lo deduzca discursivamente, concluyéndolo a partir de ciertos accidentes particulares que nos suministran las observaciones sensibles.

Y en primer lugar, verlas moverse siempre con un movimiento universal y común a todas, por más que en número muy elevado sean más de 20 e incluso 30, constituye un sólido argumento de que una sola era la causa de tal aparente mudanza y no que cada una anduviese vagando por sí misma a guisa de planetas en torno al cuerpo solar[4], y mucho menos aún por diversos círculos y a distintas distancias del propio Sol. De donde se debería concluir necesariamente o que se hallarían en un solo

---

3 En el sistema de coordenadas ecuatorial (con el ecuador celeste y el polo estelar como referencias), la *declinación* es la distancia al ecuador por la perpendicula a éste, mientras que la *ascensión recta* es la distancia entre esa perpendicular y el equinoccio de primavera.

4 Tal era la hipótesis de Cristóforo Scheiner en *Tres Epistolas de Maculis Solaribus,* Augsburgo, 1612, un opúsculo editado anónimamente bajo el pseudónimo de *Apelles latens post tabulam (Apeles oculto detrás del cuadro,* una referencia al pintor que se ocultaba tras su cuadro para oír los comentarios del público). De esta manera se libraba al Sol de la generación y corrupción, imperfecciones negadas a los cielos por los aristotélicos.

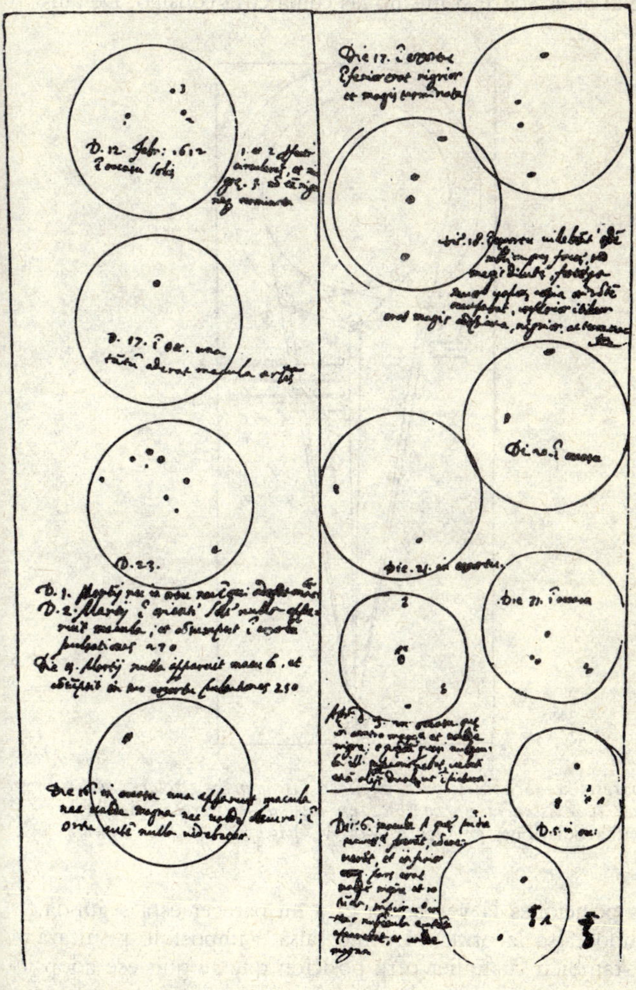

Manuscrito relativo a las cartas sobre las manchas solares (Opere, Vol. V, pág. 253). En la esquina inferior derecha se ve dibujada la mancha A.

orbe que las llevase a modo de estrellas fijas en torno al Sol o que se hallarían realmente en el propio cuerpo solar que al girar sobre sí mismo las conduciría consigo. De am-

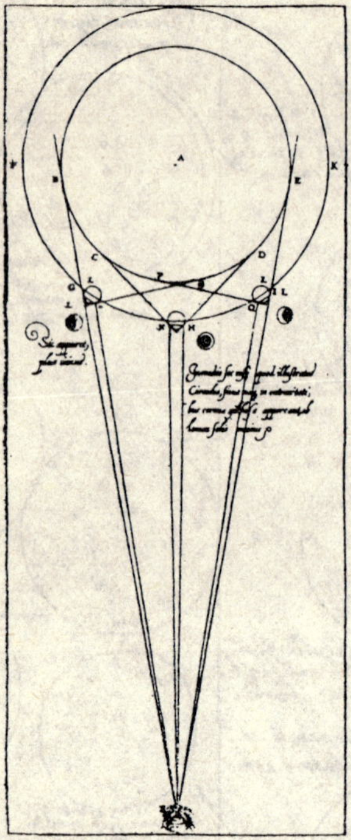

Hipótesis de Scheiner para explicar las manchas solares sin suponer la existencia de cambios en los cielos. (Tres Epistolas de Maculis Solaribus, *en* Opere, *Vol. V, pág. 30.*)

bas posiciones la verdadera es a mi parecer esta segunda, siendo falsa la otra, así como falsa e imposible resultará ser también cualquier otra posición que se quisiese adoptar, como trataré de demostrar mediante manifiestas repugnancias y contradicciones.

Las manchas están en la superficie solar

A la hipótesis de que se hallan contiguas a la superficie del Sol, viniendo a girar por la revolución de aquél, responden concordemente todas las apariencias sin que se encuentre inconveniente o dificultad alguna. Para explicarlo conviene que determinemos en el globo solar los polos, los círculos, las longitudes y latitudes, a la manera en que las establecemos en la esfera celeste. Ahora bien, si el Sol gira sobre sí mismo y es de superficie esférica, los dos puntos en reposo se denominarán sus polos y todos los demás puntos señalados en su superficie describirán circunferencias de círculos paralelos entre sí, mayores o menores según la mayor o menor distancia a los polos, siendo máximo el círculo del medio igualmente distante de entrambos polos. La longitud o largura de la superficie solar será la dimensión que se toma según la extensión de las circunferencias de dichos círculos, mientras que la latitud o anchura será la distancia hacia el otro lado, esto es, del círculo máximo hacia los polos. De ahí que se denomine longitud de las manchas a la dimensión tomada en una línea paralela a los círculos mencionados, es decir, tomada en aquella dirección siguiendo la cual se realiza la revolución del Sol; y se entenderá que la anchura es aquélla que se extiende hacia los polos, viniendo determinada por una línea perpendicular a la línea de la longitud.

Primer argumento

Aclarados estos extremos, procedamos a considerar todos los accidentes particulares que se observan en las manchas solares, mediante los que se pueda venir a conocer su posición y movimiento. En primer lugar, el hecho de que las manchas, cuando aparecen primero y cuando se ocultan por último junto a la circunferencia del Sol, se muestren en general de poquísima longitud aunque de anchura igual a la que tienen cuando se encuentran en las partes más interiores del disco solar, constituirá, para quienes comprendan gracias a la perspectiva lo que representa la fuga de la superficie esférica en las proximidades de la extremidad del hemisferio visible, un claro argumento a favor tanto de la esfericidad del Sol como de la proximidad de las manchas a la superficie solar. Y al verse éstas llevadas sobre la superficie misma hacia las partes centrales, se observa siempre un aumento de la longitud, manteniéndose la misma anchura. Y si bien cuando se hallan muy próximas a la circunferencia no todas se muestran igualmente atenuadas y reducidas a la sutileza de un hilo, sino que algunas forman su óvalo más grácilmente y otras menos, ello se debe a que no son simples manchas superficiales, sino que tienen también grosor o, mejor dicho, altura [5], siendo ora mayores, ora menores. Ocurre así como con nuestras nubes, las cuales, extendiéndose muchísimo en longitud y anchura, decenas o quizá centenares de millas, son más o menos profundas por lo que respecta al grosor, si bien no se ve que dicha profundidad exceda muchos centenares o la sumo millares de brazas. De este modo, pudiendo ser el grosor de las manchas solares, aunque pequeño en comparación con las otras dos dimensiones, mayor en una mancha y menor en otra, sucederá que las manchas más sutiles próximas a la circunferencia del Sol, donde se ven por el borde, se mostrarán muy finas (sobre todo porque la mitad inferior de ese perfil queda iluminada por la luz próxima del Sol), mientras que las de mayor profundidad aparecen más gruesas. Ahora bien, el hecho de que muchas de ellas se reduzcan a la delgadez de un hilo, como nos enseña la experiencia, es algo que no podría ocurrir en ningún caso si el movimiento con el que demuestran atravesar el disco del Sol se realizase por círculos alejados, aunque tan sólo fuese un breve intervalo, del globo solar. En efecto, la gran disminución de las longitudes se realiza según el máximo escorzo, es decir, según la curva del círculo, que vendría a caer fuera del cuerpo del Sol si las manchas estuviesen en circunferencias alejadas de su superficie un espacio sensible.

---

[5] Las prominencias solares alcanzan alturas de varios miles de kilómetros.

Segundo argumento

Repárese en segundo lugar en la magnitud de los espacios aparentes, según los cuales las mismas manchas muestran andarse moviendo de día en día, y obsérvese que los espacios atravesados en tiempos iguales por la misma mancha aparecen siempre menores a medida que se hallan más próximos a la circunferencia del Sol. Y véase, observando atentamente, que tales disminuciones e incrementos, registrados unos tras otros con la interposición de tiempos iguales, responden muy proporcionalmente a los senoversos[6] y sus correspondientes diferencias de arcos iguales, fenómeno éste que no tiene lugar en otro movimiento que no sea el circular contiguo al mismo Sol. En efecto, en los círculos alejados, aunque no sea mucho, del globo solar, los espacios atravesados en tiempos iguales contra la superficie solar aparecen muy poco diferentes unos de otros.

Tercer argumento

El tercer accidente que confirma admirablemente esta conclusión se recaba de los intervalos que median entre

[6] El *senoverso* de un ángulo α, senv $\alpha = 1 -$ (cos α). Desde la Tierra, *T*, la distancia aparente entre las manchas *A* y *B* es la correspondiente a senv α — senv β (= ML-NL = MN).

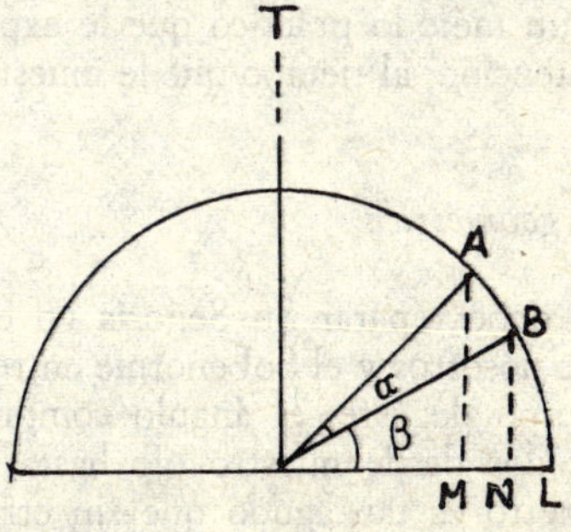

mancha y mancha, unos de los cuales se matienen siempre iguales; otros aumentan enormemente hacia las zonas centrales del disco solar, habiendo sido antes y siendo después pequeñísimos e incluso casi imperceptibles junto a la circunferencia; y aún otros mudan, si bien con cambios muy diferentes. Sin embargo, son tales que no podrían hallarse otros semejantes en un movimiento que no fuese el circular realizado por diferentes puntos diversamente situados sobre un globo que gira sobre sí mismo. Las manchas que poseen la misma declinación, esto es, que se hallan en el mismo paralelo, cuando la distancia real es breve, parece que se tocan casi cuando aparecen por vez primera, aunque si la distancia es un tanto mayor aparecerán bien separadas, aunque bastante más próximas que cuando se encuentran hacia la mitad del disco solar. Además, según se separan de la circunferencia, van distanciándose y alejándose cada vez más una de otra, hasta que se hallan alejadas una misma distancia del centro del disco, lugar en el que se da su separación máxima. A partir de ahí vuelven a aproximarse de nuevo cada vez más a medida que se acercan a la circunferencia. Pues bien, si se registran con precisión las proporciones de tales acercamientos y alejamientos, se verá que no pueden tener lugar de ese modo si no es en los movimientos realizados sobre la superficie misma del globo solar. Y puesto que esta razón es potentísima, hasta el punto de que ella sola bastaría para demostrar la esencia de este punto, quiero ofrecerle a Su Señoría un método práctico que le exprese más claramente mi intención, al tiempo que le muestre su verdad.

Demostración geométrica

Ante todo, debe reparar Su Señoría en que siendo la distancia entre nosotros y el Sol enorme en relación al diámetro del cuerpo de éste, el ángulo comprendido entre los rayos trazados desde nuestro ojo hasta los extremos de dicho diámetro es tan agudo que sin error apreciable bien podemos tomar tales rayos como si de paralelas se tratase. Por otro lado, puesto que para realizar la experiencia que pretendo no sirven dos manchas cualesquiera tomadas de cualquier modo, sino tan sólo aquéllas que se hallan situadas en el mismo paralelo, debemos consiguientemente elegir dos dispuestas de esa guisa. Sabremos que son tales siempre que en su movimiento pasen ambas por el mismo centro del disco solar o bien igualmente alejadas de él y hacia el mismo polo. Tal circunstancia se da algunas veces, como ocurre con las dos manchas A, B de la figura del día primero de julio, de las cuales la B pasa el día dos junto al centro, y la A pasa a una distancia similar el día 7, y ambas con declinaciones boreales. Y dado que tal distancia al centro es bastante pequeña, el paralelo que describen es casi imperceptiblemente menor que el círculo máximo. Mas imagínese Su Señoría primero la línea GZ que representa el alejamiento del Sol; sea Z nuestro ojo y G el centro del Sol, en torno al cual se describe el semicírculo CDE con radio igual o muy poco menor que el radio de los círculos en los que observo las manchas, de manera que la circunferencia CDE representará la que resulta descrita por las manchas A, B y que al ojo lejanísimo, Z, que se halla en el mismo plano que el círculo CLE, parecerá recta e igual al diámetro CGE (y digo esto porque de las observaciones que hasta aquí he podido hacer no deduzco que la revolución de las manchas sea oblicua al plano de la eclíptica bajo la que está la Tierra). Tómese luego la distancia de la mancha A a la circunferencia próxima y transpórtese a CF y trácese por el punto F la perpendicular a CG. Sea ésta FH, que será paralela a GDZ, constituyendo el rayo visual que va del ojo a la mancha A, lla cual, apareciendo en el punto F del diámetro del Sol CE, vendrá a estar en H. Cójase luego el intervalo entre las dos manchas A, B, transpórtese al diámetro CE de F a I y elévese asimismo la perpendicular IL, que será el rayo visual de la mancha B, y la línea Fl la distancia aparente entre las manchas A, B, si bien el intervalo verdadero estará determinado por la línea HL, que subtiende el arco HL. Ahora bien, como se halla comprendida entre los rayos FH, IL y se ve oblicuamente por su inclinación, no aparece de otro tamaño que el de FI. Mas cuando en virtud de la rotación del Sol los puntos H, L, bajando hacia E, tengan en medio el punto D que al ojo Z le parece el mismo que el centro G, entonces las dos manchas A, B vistas no en escorzo, sino de frente, aparecerán tan

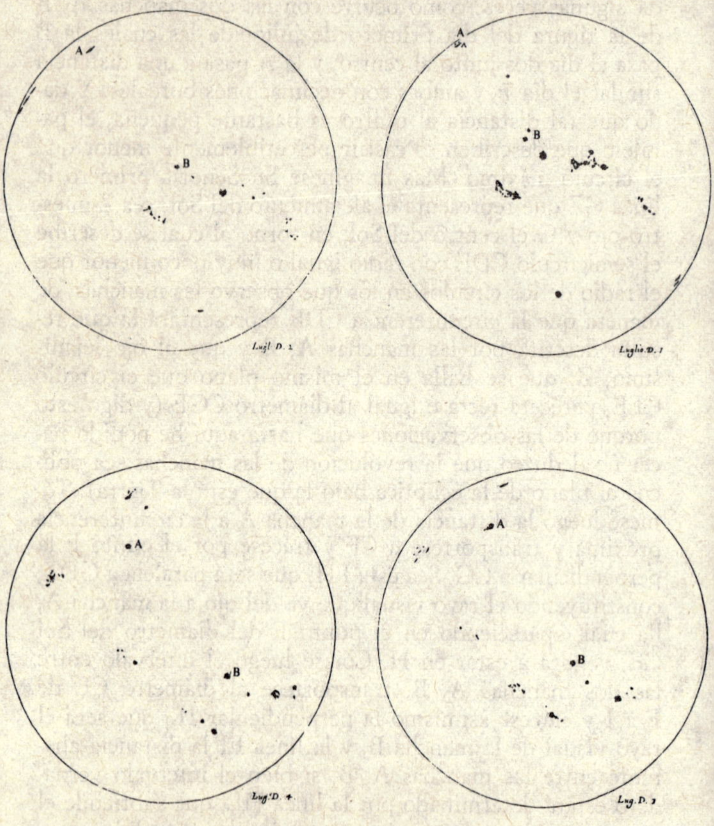

alejadas cuanto es la cuerda HL, si bien el lugar de esas manchas se encuentra en la superficie del Sol. Véase ahora la figura del día cinco en la que esas mismas manchas A, B se hallan casi igualmente alejadas del centro, y se descubrirá que su distancia es exactamente igual a la cuerda HL, cosa que de ningún modo ocurriría si su revolu-

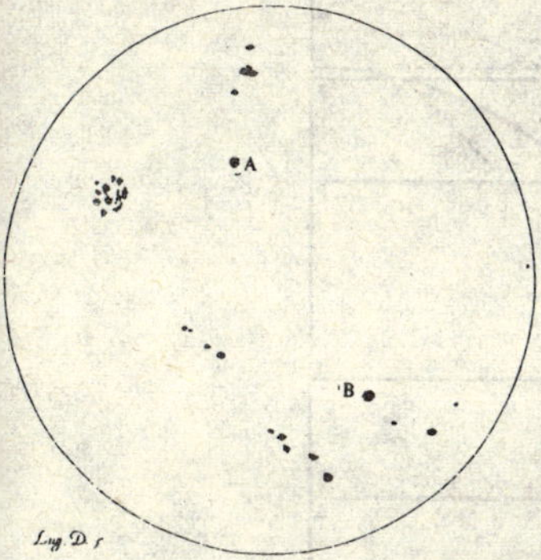

Lug. D. 5

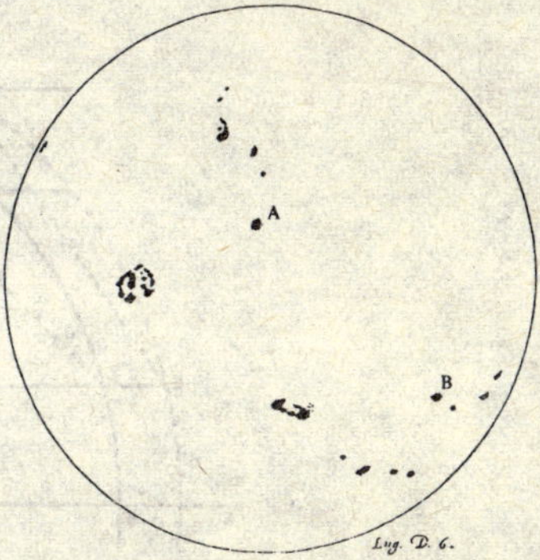

Lug. D. 6.

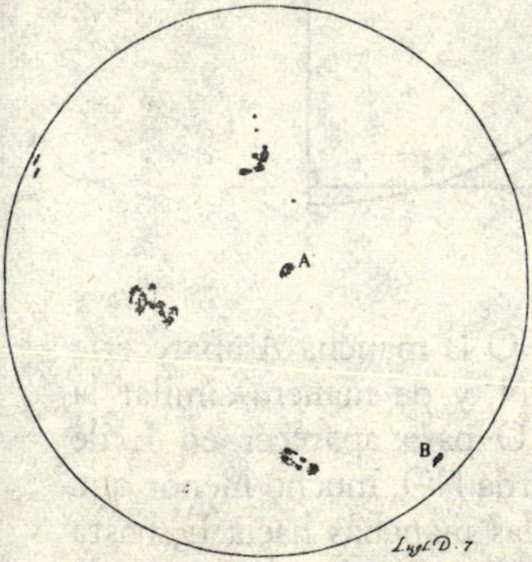

Lug. D. 7

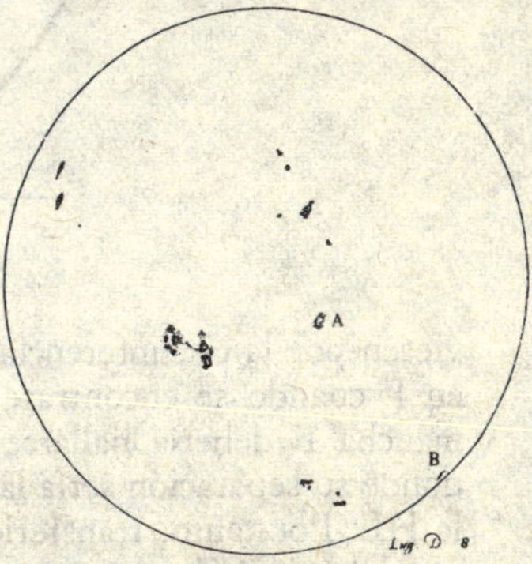

Lug. D. 8

ción se realizase por un círculo tan alejado como se quiera de la superficie del Sol. Lo cual se probará así.

Supóngase, por ejemplo, que el arco MNO se halle alejado de la superficie del Sol, esto es, de la circunferencia CHL, tan sólo la vigésima parte del diámetro del globo solar. Al prolongar las perpendiculares FH hasta N e IL hasta O, es manifiesto que si las manchas A, B se mo-

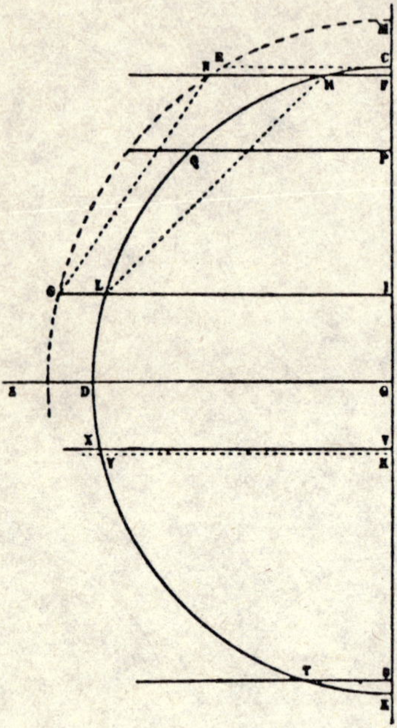

viesen por la circunferencia MNO la mancha A aparecería en F cuando se encontrase en N, y de manera similar la mancha B debería hallarse en O para aparecer en I, de donde su separación sería la cuerda NO, mucho menor que la HL. Por tanto, transferidas las manchas hacia E, hasta que lal ínea GZ corte por el medio y en ángulos rectos la cuerda NO, hallaríanse las manchas en su máximo alejamiento verdadero y aparente, bastante menor que la cuerda HL, cosa que choca con la experiencia que las muestra distando entre sí según la recta HL. Así pues, las manchas no se hallan alejadas de la superficie del Sol la vigésima parte de su diámetro. Si aplicamos un examen semejante a la observación de las mismas manchas el día ocho, cuando la B se halla próxima a la circunferencia, y transportamos a S su distancia al punto E de esa circunferencia, trazando la perpendicular ST al diámetro CE, será el punto T la posición de dicha mancha en la superficie del Sol. Transportando luego la distancia BA a SV y trazando de manera similar la perpendicular VX, hallaremos que el intervalo TX (que es la distancia verdadera entre las manchas B, A) es el mismo que el HL, circunstancia que en modo alguno podría darse si las manchas B, A se moviesen por círculos sensiblemente alejados de la superficie del Sol. Repárese asimismo en que si se toman dos manchas menos distantes entre sí y más próximas al término C o al E, tal circunstancia se tornaría aún más notable. En efecto, si hubiese dos manchas, una de las cuales se hallase en el momento de salir en el punto C, apareciendo la otra en F, de modo que su distancia aparente fuese CF, la verdadera distancia entre ellas, de hallarse en la superficie del Sol, sería la cuerda HC, siete o más veces mayor que CF. Sin embargo, en caso de hallarse dichas manchas en R, N, su distancia real sería la cuerda RN, que es menos de una tercera parte de CH. De ahí que, transferidas tales manchas a las inmediaciones del punto O, si la experiencia nos presentase su distancia igual a CH, esto es, siete veces mayor que CF y no igual a RN, que apenas es el doble de esa misma CF, no cabría la menor duda de que las manchas están contiguas al Sol y no alejadas de él. Mas dispondremos de experiencias que nos mostrarán que la cuerda CH, es decir, la verdadera distancia entre las manchas cuando se hallan próximas al centro del disco solar, contiene no ya siete, sino diez y quince veces la primera distancia aparente CF, cosa que ocurrirá cuando las manchas se hallen realmente a una distancia mucho menor que CH. Esta circunstancia jamás podría darse si la circunferencia MNZ se hallase alejada de la superficie del Sol la centésima parte del diámetro solar, tal y como a continuación demostraré. Por tanto, síguese como consecuencia necesaria que la distancia de las manchas a la superficie del Sol no puede ser sino imperceptible. Y la demostración de cuanto hasta ahora he dicho será como sigue.

Sea, por ejemplo, de 4 g. el arco CH. La recta CF tendrá 24 partes de las 10.000 de que consta el radio CG, teniendo 419 la cuerda CH; esto es, será diecisiete veces mayor que CF. Mas si el radio GM fuese mayor tan sólo la centésima parte del radio GC, de modo que GM tuviese 10.100 partes de las que CG tiene 10.000, se hallará que el arco MR es de 8 g. 4′, el arco NRM de 8 g. 58′, el arco RN de 0 g. 54′ y su cuerda de 94 partes, de las que CF tenía 24; esto es, menos de cuatro veces mayor, resultado con el que discrepa la experiencia tanto cuanto concuerda con la otra posición.

Con el mismo método podemos también ver día a día los aumentos y disminuciones de los mismos intervalos correspondientes a las revoluciones realizadas únicamente sobre la superficie del Sol. Tómese empero la figura del día tres de julio y, puesta la distancia PC igual al alejamiento de la mancha A de la circunferencia del disco solar, póngase asimismo la línea PK igual al intervalo AB. Trazadas las dos perpendiculares PQ, KY, hallaremos que la cuerda QY es igual a la HL, argumento irrefutable de que la revolución se hace por la misma superficie del Sol.

... ...

Alejamientos en latitud

Estos son los datos que poseemos de las manchas que se hallan en el mismo paralelo. Ahora bien, las manchas que están situadas en diversos paralelos, aunque, por así decir, bajo el mismo meridiano, de manera que la línea que las una corte a escuadra y no oblicuamente los paralelos, no cambian la distancia que hay entre ellas, sino que la que tenían al aparecer por vez primera la van manteniendo siempre hasta la ocultación final. Las otras que se encuentran en diferentes paralelos y meridianos van aumentando y disminuyendo sus intervalos, si bien con mayores diferencias aquéllas que se hallan dispuestas más oblicuamente; es decir, las que se hallan en paralelos más próximos y en meridianos más alejados, y con menos variedad, por el contrario, aquéllas que están situadas entre sí menos oblicuamente. Así, quien bien pondere todas las tales diversidades hallará que todo responde con justa simetría tan sólo con nuestra hipótesis, discrepando de cualquier otra.

Carácter cambiante de las manchas

Hay que advertir, con todo, que al no ser dichas manchas totalmente fijas e inmutables en la faz del Sol, andando continuamente mundando mucho de forma, juntándose algunas y disgregándose otras, mediante tales pequeños cambios se puede producir una cierta discrepancia con los detalles precisos de las observaciones expuestas. Estas variaciones, dada su insignificancia en relación con la máxima y universal revolución del Sol, no deberán engendrar escrúpulo alguno en quien juiciosamente vaya lastrando, por así decir, el movimiento igual y general con estas alteraciones accidentales.

Ahora bien, del mismo modo que todas las circunstancias de estas apariencias observadas en las manchas responden puntualmente al hecho de hallarse contiguas a la superficie del Sol, al de ser ésta esférica y no de otra figura y al de ser transportadas en círculos por su rotación sobre sí mismo, así también contrariarían cualquier otra explicación que se intentase darles.

... ...

Consecuencias cosmológicas

Además, así como a los ingenios especulativos y libres que comprenden perfectamente que ni se puede demostrar ni se ha demostrado nunca con eficacia alguna que la parte del mundo que se encuentra más allá de la concavidad del orbe lunar no se halle sujeta a las mutaciones y alteraciones, ninguna dificultad o repugnancia a lo creíble ha suministrado el hecho de ver cómo se producían y disolvían tales manchas en la faz del mismo Sol, así los otros que quisieran que la sustancia del Sol fuese inalterable, al verse constreñidos por firmes y sensibles experiencias a situar esas manchas en la parte celeste, creo que ponerlas contiguas al Sol pocas más molestias les dará que ponerlas en otra parte.

... ...

Influencia de los prejuicios sobre la observación

He reconocido luego la cortesía de la naturaleza que hace miles y miles de años ha hecho posible tener noticia de tales manchas y, a través de ellas, de algunas consecuencias notables. En efecto, sin otro instrumento que un pequeño agujero por el que pasen los rayos solares, se traslada a grandes distancias y se proyecta sobre cualquier superficie opuesta la imagen del Sol junto con las manchas. Bien es cierto que no son tan notablemente nítidas como las del telescopio [7], si bien las mayores se ven con bastante claridad. Así, cuando Su Señoría vea en la iglesia que desde un vidrio roto y lejano cae sobre el pavimento la luz del Sol, acuda allí con una hoja blanca extendida sobre la que verá las manchas. Diré más, tan benigna ha sido la propia naturaleza que para edificación nuestra ha

---

[7] Esta es la primera vez que Galileo usa en una obra publicada la palabra «telescopio» para aludir a su anteojo astronómico. La palabra fue acuñada el 14 de abril de 1611 en una cena organizada en Roma por F. Cesi para celebrar los descubrimientos astronómicos galileanos.

marcado alguna vez el Sol con una mancha tan grande y oscura que la observaron infinitas personas a simple vista, si bien un falso e inveterado concepto, según el cual los cuerpos celestes estarían exentos de toda alteración y mudanza, les hizo creer que tal mancha sería Mercurio interpuesto entre nosotros y el Sol, y eso no sin vergüenza de los astrónomos de aquellos tiempos. Tal fue sin duda alguna aquélla de que se hace mención en los Anales e Historia de los Franceses *ex Bibliotheca P. Pithoei I. C.*, impresos en París el año 1588, donde en la *Vida de Carlo Magno,* página 62, se lee que durante ocho días seguidos vio el pueblo de Francia una mancha negra en el disco del Sol, cuyo ingreso y salida no se pudo observar por impedirlo las nubes, creyéndose que se trataba de Mercurio, entonces en conjunción con el Sol. Mas trátase de un error demasiado grande, ya que Mercurio no puede permanecer en conjunción con el Sol ni siquiera durante siete horas, tal es su movimiento cuando se interpone entre el Sol y nosotros. Fue, pues, este fenómeno claramente una de las manchas, grandísima y oscurísima. Aún se podrán encontrar otras similares en el futuro y mediante una diligente observación quizá podamos ver alguna en breve. Si este descubrimiento se hubiese realizado algunos años antes, habría librado a Kepler de la fatiga de inventar y salvar este pasaje con alteraciones del texto y otras correcciones de los tiempos [8]. No me molestaré ahora con tales cosas, estando seguro de que dicho autor, como verdadero filósofo nada reacio a las cosas manifiestas, tan pronto como oiga estas observaciones y consideraciones mías les prestará pleno asentimiento.

... ...

[8] Véase el *Fenómeno singular* o *Mercurio en el Sol* (1609). Ya en la primera página Kepler trata de reinterpretar los ocho días *(octo dies)* como *octoties,* por *octies* (ocho veces). El propio Kepler hizo sus observaciones en tiempo nublado durante un breve lapso temporal, no pudiendo darse cuenta de que no se trataba de Mercurio. En el prefacio a sus *Efemérides* (1617) reconoce su error (cf. ed. Frisch, II, pp. 197-8 y 786).

2. Venus falciforme y Saturno tricorpóreo

Nota introductoria

En sus observaciones telescópicas de los astros, Galileo se encontró con otras dos sorpresas aparte de las manchas solares. Para evitar disputas de prioridad, hizo circular mensajes cifrados acerca de ellas. De este modo, cuando tras algún tiempo dio a conocer el contenido de los mismos, era ya demasiado tarde para que nadie pudiese publicar apresuradamente esos descubrimientos como propios.

La primera de ellas se refiere a las fases de Venus (como las de la Luna), inobservables a simple vista, lo que preocupaba a Copérnico, *De Revolutionibus,* I, 10. Cuando este planeta se halla en la conjunción inferior, más próximo a la Tierra, su diámetro aparente es máximo y su iluminación mínima (Venus «nuevo» o «cornudo»); cuando se halla en la conjunción superior, más alejado de la Tierra, su diámetro es mínimo y su iluminación máxima (Venus «lleno»). De este modo, compensándose el mayor tamaño con la menor iluminación y viceversa, a simple vista no cambia gran cosa. Ahora bien, la importancia del descubrimiento telescópico de Galileo radica en que constituye una corroboración del sistema copernicano y una refutación del ptolemaico, ya que siendo la elongación máxima de Venus de unos 45°, según el sistema ptolemaico y suponiendo que fuese un cuerpo opaco, nunca podría verse iluminado mucho más de un cuarto, pues la órbita de Venus en torno a la Tierra tiene un radio menor que el radio de la del Sol. Esta constituye la primera prueba observacional y «directa» de la verdad del copernicanismo.

La segunda se refiere al anillo de Saturno que, debido a su posición y a la debilidad del aparato de Galileo, se interpretó como dos cuerpos pequeños flanqueando el cuerpo central del planeta. En este caso, por más que Galileo lo intentara (véase la carta número 8, más abajo, pp. 186 y ss.), no logró sacar ningún partido teórico de la suposición de que las variaciones en la apariencia del planeta se debían a la iluminación solar observada desde la Tierra, según el esquema copernicano. El anillo tiene un espesor de unos 5 Km. y es muy difícil de ver «de canto» sin telescopios sofisticados. Se halla en el plano del ecuador de Saturno que forma un ángulo constante de 27° con el de la órbita. Las variaciones del observatorio terrestre y de la fuente de iluminación solar en relación al planeta explican con sencillez los cambios de aspecto. Sin embargo, la interpretación correcta del anillo como tal se debe a Huygens, quien en 1655 construyó un telescopio más poderoso que los existentes hasta entonces. Sus observaciones del anillo del mes de octubre se expresan en un mensaje cifrado en *De Saturni Observatio Nova* (1656), desvelado tres años después en su *Systema Saturnium*.

1. *A Belisario Vinta*

Padua, 30 de julio de 1610

... ...

El presente día 25 comencé a observar de nuevo a Júpiter oriental y matutino con su camada de Planetas Medíceos, descubriendo además otra muy extraordinaria maravilla que deseo sea conocida por Sus Altezas y por V. S., manteniéndola no obstante oculta hasta que la haya publicado yo en la obra que habré de imprimir. Ahora bien, he querido dar cuenta de ella a Sus Altezas Serenísimas de manera que, si alguien la descubriese, sepan que nadie la ha observado antes que yo, aunque estoy seguro de que nadie la verá hasta que yo la haya anunciado. Trátase de que la estrella de Saturno no es una sola, sino un agregado de tres que casi se tocan y que nunca se mueven o mudan entre sí; están dispuestas en fila a lo largo del Zodíaco, siendo la del medio tres veces mayor que las otras dos laterales y estando situadas de esta forma:

... ...

2. *Del prefacio de Kepler a la* Dióptrica *(1611)*[1]

... ...

Ha transcurrido ya un año desde que Galileo escribiera a Praga anunciando haber descubierto en el cielo algo nuevo distinto de todo lo anterior. Y para que no apareciese nadie que por celos pretendiese haberlo visto antes, dio tiempo a que se propalasen las novedades que cualquiera hubiese visto, a la vez que describía su descubrimiento con las letras transpuestas del siguiente modo:

Smaismrmilmepoetaleumibunenugttauiras.

Con estas letras formé un verso semibárbaro que inserté en mis Narracioncillas[2] de septiembre del año pasado:

Salve umbistineum geminatum Martia proles.

Pero me aparté muchísimo de la frase de las letras, pues no contenía nada sobre Marte[3].

---

[1] J. Kepleri, *Opera omnia,* ed. Frisch, II, p. 462.

[2] *Joannis Kepleri... Narratio de Observatis a se Quatuor Jovis Satellitibus Erronibus,* etc., Frankfurt, 1611.

[3] Sobre la obsesión de Kepler con los dos satélites de Marte, véase la nota 20 a la *Conversación con el mensajero sideral,* así como la *Narratio* citada en la nota anterior, página 515 de la edición de Frisch. La solución de Kepler podría traducirse tal vez como «Salud, joyas gemelas, marciana prole.» La solución correcta la desvelará Galileo en la carta siguiente.

3. *A Giuliano de' Medici*

Florencia, 13 de noviembre de 1610

… … … … … … … … … … … … … … … … … …

Mas, pasando a otro tema, puesto que el Señor Keplero ha impreso en esta su última Narración[4] las letras transpuestas que yo envié a V. S. Ilustrísima, dándome a entender incluso que S. Majestad[5] quería saber su significado, he aquí que se lo envío a V. S. Ilustrísima para que lo comunique a S. Majestad y al Señor Keplero, así como a quien tenga a bien V. S. Ilustrísima, deseando yo que lo sepa todo el mundo. Así pues, las letras combinadas en su verdadero sentido dicen así:

Altissimum planetam tergeminum observavi[6].

Esto es, que con grandísima admiración por mi parte he observado que Saturno no es una sola estrella, sino tres juntas que casi se tocan. Están completamente inmóviles entre sí, dispuestas de esta guisa , siendo la del medio bastante más grande que las laterales. Hállanse situadas una a oriente y a occidente la otra, exactamente en línea recta. No se encuentran justamente según la línea del Zodíaco, sino que la occidental se eleva un tanto hacia el norte; tal vez sean paralelas a la línea equinoccial. Si se observase con un anteojo que no fuese de muchísimo aumento, no aparecerán tres estrellas bien distintas, sino que parecerá que Saturno sea una estrella alargada en forma de aceituna, así 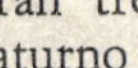 ; mas sirviéndose de un anteojo que multiplique más de mil veces en superficie, se verán

---

4 *Narratio de Observatis,* cit. nota 2.

5 Rodolfo II. En la *Narratio,* Kepler habla de «nosotros», en plural, y se sabe que el emperador se interesaba por cuestiones astrológicas muy conectadas con los intereses de Kepler por las armonías cósmicas.

6 «Observé que el planeta más alto era triple.»

los tres globos clarísimos y casi tocándose, no apareciendo entre ellos una división mayor que un sutil hilo oscuro... ... ...

4. *A Giuliano de' Medici*

Florencia, 11 de diciembre de 1610

Las letras transpuestas son las siguientes:

Haec immatura a me iam frustra leguntur
o y[7].

Ilmo. Sr. y Patrón dilectísimo:

Estoy esperando con ansia la respuesta a mis dos cartas escritas últimamente a V. S. Ilustrísima y Reverendísima para saber lo que habrá dicho el Sr. Keplero de la extravagancia de Saturno. Entretanto le envío el mensaje cifrado de otro particular por mí observado recientemente, el cual conlleva la decisión de grandísimas controversias en astronomía, conteniendo en concreto un poderoso argumento a favor de la constitución pitagórica y copernicana. A su debido tiempo publicaré su descifrado y otros particulares [8]... ... ...

5. *A Cristóforo Clavio*

Florencia, 30 de diciembre de 1610

... ...

---

[7] «En vano estoy examinando estas cosas inmaduras o y.» Kepler escribe a Galileo el 9 de enero de 1611 rogándole impacientemente el desvelamiento del mensaje y sugiriendo muy desanimado ocho soluciones imperfectas, como, por ejemplo, *Macula rufa in Jove est, gyratur mathem, etc.* («hay en Júpiter una mancha roja, gira matemáticamente, etc.»).

[8] Véase, más abajo, el extracto de la carta del apartado 6.

Entretanto no quiero ocultarle a V. R. lo que he observado en Venus de tres meses a esta parte.

Sepa, pues, que al principio de su aparición vespertina la comencé a observar y la vi de figura redonda aunque pequeñísima. Prosigiendo luego las observaciones, va aumentando notablemente de tamaño aunque se mantiene circular, hasta que al aproximarse a la elongación máxima comenzó a disminuir respecto a la redondez por la parte opuesta al Sol, reduciéndose en pocos días a la figura semicircular, en la que se mantuvo un rato; esto es, hasta que comenzó a retirarse hacia el Sol, alejándose paulatinamente de la tangente[9]. Comienza ahora a tornarse notablemente cornuda, e irá menguando así hasta que sea vespertina, y a su debido tiempo la veremos matutina con sus cuernecillos sutilísimos y apartados del Sol, los cuales en torno a la máxima elongación formarán un semicírculo que mantendrán inalterado durante muchos días. Luego pasará Venus rapidísimamente del semicírculo al círculo completo, y la veremos así durante muchos meses perfectamente circular, aunque pequeñina, de modo que su diámetro no llegará a la sexta parte del que aparece al presente. Tengo el modo de verla tan clara, tan pura y delimitada como vemos a la propia Luna con la visión natural, y la veo con un diámetro igual al radio de la ☽ a simple vista. He aquí, Señor mío, aclarado cómo Venus (e indudablemente lo mismo hará Mercurio) va en torno al Sol, centro sin duda alguna de las máximas revoluciones de todos los planetas. Estamos además seguros de que dichos planetas son en sí mismos sombríos, resplandeciendo únicamente cuando los ilumina el Sol, lo que no creo que ocurra con las estrellas fijas, por algunas observaciones mías[10], así como de que este sistema planetario es sin duda de otro modo del comúnmente aceptado... ... ...

... ...

[9] Esto es, el rayo visual que partiendo de la Tierra toca la órbita de Venus en el punto de la elongación máxima.

[10] Véase *La gaceta,* pp. 62 y 63.

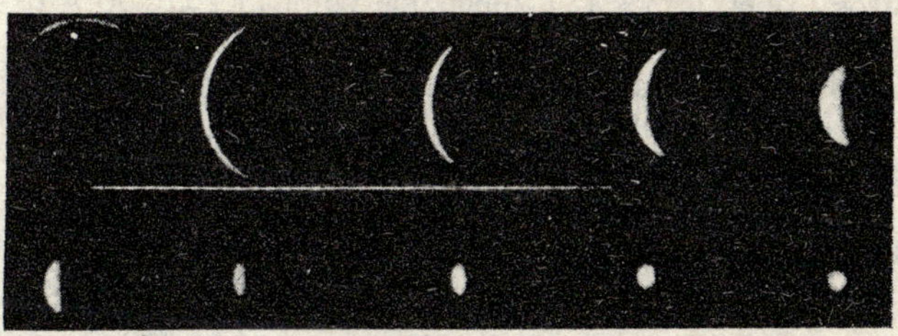

Las fases de Venus.

6. *A Giuliano de' Medici*

Florencia, 1 de enero de 1611

Ilmo. y Revmo. Sr. mío dilectísimo:

Es hora de que descifre a V. S. Ilustrísima y Reverendísima, y a través de usted al Sr. Keplero, las letras transpuestas que le envié hace algunas semanas. Es hora, digo, ya que estoy completamente seguro de la verdad del hecho, de manera que no me cabe la menor duda o escrúpulo [11].

... ...

Mediante esta admirable experiencia tenemos una demostración sensible y cierta de dos grandes cuestiones hasta ahora dudosas para los mayores intelectos del mundo. Una es que los planetas todos son oscuros por naturaleza propia (ocurriéndole a Mercurio lo mismo que a Venus); la otra, que Venus necesariamente gira en torno al Sol, así como también Mercurio y todos los demás planetas, cosa que bien creían los Pitagóricos, Copérnico, Keplero y yo, aunque no se había demostrado sensiblemente como ahora con Venus y Mercurio. Tendrán, pues, el Sr. Keplero y los

---

[11] Sigue a continuación una descripción básicamente idéntica a la de la carta anterior, así como a otra del 30 de diciembre de 1610, dirigida a Castelli.

otros Copernicanos que felicitarse por haber creído y filosofado bien, por más que nos haya tocado y aún nos habrá de tocar vernos considerados por la universalidad de los filósofos librescos como poco doctos y poco menos que estúpidos. Así pues, las palabras que envié transpuestas y que decían *Haec immatura a me iam frustra leguntur o y* se ordenan *Cynthiae figuras aemulatur mater amorum* [12]; esto es, que Venus imita las fases de la Luna... ...

7. *A Paolo Sarpi*

Florencia, 12 de febrero de 1611

... ...

Me parece recordar que hasta el pasado agosto hablé con usted de la observación de Saturno que no es una sola estrella como los otros planetas, sino tres. (...) En siete meses que las he observado no han hecho cambio alguno, de donde son absolutamente inmóviles entre sí, ya que (dado que están tan próximas que parecen tocarse) cualquier movimiento que tuviesen se habría notado por mínimo que fuese.

... ...

Estimando asimismo muy cierto que todos los planetas giran en torno al Sol como centro de sus órbitas y creyendo además que son todos en sí mismos sombríos y opacos como la Tierra y la Luna, me puse hace cuatro meses a observar Venus, la cual, siendo vespertina, se me mostró perfectamente redonda, aunque bastante pequeña. Con tal figura se mantiene muchos días, si bien crece notablemente de tamaño. Aproximándose luego a la misma elongación, comenzó a menguar respecto a la redondez por la parte oriental, reduciéndose en pocos días a la semicircu-

[12] «La madre de los amores (Venus) emula las fases de Cintia (Luna).»

laridad, y manteniéndose con esa forma cerca de un mes sin que se observase más cambio que el de tamaño, que aumentaba notablemente. Finalmente, al retirarse del Sol, comenzó a ahuecarse por donde era recta, tornándose paulatinamente cornuda, viéndose ahora reducida a una sutilísima hoz semejante a la de la Luna de cuatro días. Sin embargo, el tamaño de su esfera se ha hecho tan grande que desde su primera aparición en que la vi redonda hasta que se mostró mediada y hasta lo que se ve ahora se da la diferencia que muestras estas tres figuras. Menguará to-

davía hasta la ocultación y a mediados de este otro mes la veremos oriental y sutilísima. Y al continuar alejándose del Sol, creciendo en iluminación y menguando de tamaño, en el lapso de unos tres meses se reducirá al semicírculo, manteniéndose como tal cerca de un mes sin que se aprecie cambio sensible. Luego, continuando siempre con la disminución de tamaño, se tornará plenamente redonda en pocos días, forma con la que se mostrará durante más de diez meses seguidos quitando esos tres meses aproximadamente que será invisible tras los rayos del Sol.

Ahora bien, henos aquí asegurados de que Venus gira en torno al Sol y no por debajo (como creía Ptolomeo), en cuyo caso no se mostraría sino menor de medio círculo; ni menos aún por encima (como quiere Aristóteles), pues si fuese superior al Sol nunca se vería falciforme, sino siempre más de bastantemente mediada y casi siempre perfectamente redonda. Además estoy seguro de que veremos a Mercurio pasar por los mismos cambios... ... ... Además, por estas mismas apariencias de Venus estamos seguros de que todos los planetas reciben la luz del Sol, siendo sombríos por naturaleza. Mas yo estoy además seguro, por demostración necesaria, de que las estrellas fijas son muy brillantes en sí mismas, sin que precisen de la irradiación solar, que Dios sabe si llegará a tanta lejanía...
... ...

8. *A Mark Welser*

Le Selve, 1 de diciembre de 1612

... ...

Ya le escribí que hace cerca de tres años descubrí con gran admiración que Saturno era tricorpóreo... ... ... Aún este año, cerca del solsticio de verano, he visto a Saturno triforme. Y habiendo luego dejado de observarlo durante más de dos meses, no poniendo en duda su constancia, al volver a observarlo finalmente los días pasados lo he hallado solitario, sin la asistencia de las acostumbradas estrellas y, en suma, perfectamente redondo y delimitado como Júpiter, y en tal estado se mantiene aún. ¿Qué se dirá de tan extraña metamorfosis?... ... ... No tengo nada seguro que decir en un caso tan extraño, inopinado y nuevo. (...) Pero permítaseme por una vez una cierta temeridad que me habrá de ser tanto más banignamente perdonada por V. S. por cuanto la confieso como tal, declarando no pretender registrar lo que voy a predecir entre las proposiciones que dependen de principios ciertos y conclusiones seguras, sino tan sólo de algunas conjeturas mías verosímiles [13]... ... ...
... ...

Las proposiciones son éstas: las dos estrellas saturninas menores, ocultas actualmente, quizá se muestren un poco durante dos meses en el solsticio de verano del próximo año de 1613, ocultándose luego y permaneciendo escondidas hasta el solsticio invernal de 1614, en torno al cual podrá suceder que durante algunos meses se muestren algo de nuevo, tornando luego otra vez a esconderse hasta cerca del siguiente invierno, momento en el que creo que con mayor resolución volverán a comparecer sin volver a esconderse, si bien en el siguiente solsticio de verano del

---

[13] Estas conjeturas versan acerca de la iluminación de Saturno por parte del Sol, observada desde la Tierra, teniendo en cuenta el esquema planetario de Copérnico.

año 1615 tratarán de querer ocultarse un tanto, por más que no creo que lo hagan totalmente, sino que volviendo poco después a mostrarse, las veremos clarísimas y más brillantes y grandes que nunca. Y casi resueltamente osaré decir que las veremos por muchos años sin interrupción alguna. Aunque no me cabe duda del retorno, tengo reservas acerca de las otras circunstancias particulares, fundadas por ahora tan sólo en una conjetura probable. Mas ocurra así exactamente o de otro modo, le digo a usted que también esta estrella, quizá no menos que la apariencia de Venus cornuda, concuerda de admirable modo con el gran sistema copernicano, a cuyo universal orto vemos que nos conducen vientos propicios con tan brillantes escoltas que ya poco tenemos que temer a las tinieblas o contrariedades.

... ...

9. *A Cesi* (citada por Fabri en carta a F. Borromeo del 3 de septiembre de 1616)

... ...

No quiero dejar de comunicarle a V. E. un nuevo y extravagante fenómeno por mí observado hace algunos días, en el que, en la estrella de Saturno, las dos compañeras suyas ya no son dos pequeños globos perfectamente redondos como antes, sino que ahora son cuerpos mucho mayores y de forma no redonda, sino como se ve en la figura adjunta ; esto es, dos medios eclipses con dos triangulillos oscurísimos en el medio de dichas figuras contiguas al globo central de Saturno que se ve como siempre se ha visto, perfectamente redondo... ... ...

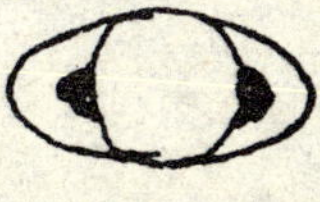

Dibujo de Galileo del planeta Saturno, realizado entre junio y octubre de 1616.

Apéndice II

La interpretación de la experiencia telescópica

Nota introductoria

Las observaciones astronómicas de Galileo chocaron inmediatamente con la animadversión de la mayoría de sus contemporáneos, tanto por la inesperada novedad de las mismas como porque contradecían dramáticamente la visión vigente del cosmos. Mas, en primer lugar, el telescopio de Galileo era extremadamente imperfecto y nada fácil de manejar para un curioso inexperto, exigiendo su uso un entrenamiento y habilidad que pocos poseían en el grado de Galileo. La primera carta incluida a continuación expresa maliciosamente tales dificultades (nada insuperables, sin embargo, ya que tanto Roffeni como Magini, por no hablar de Kepler, le vuelven la espalda a su autor). Este, Martin Horky, es autor de un libelo antigalileano, *Peregrinatio contra nuncium sidereum* (1610), contestado por Antonio Roffeni *(Epistola Apologetica contra caecam Peregrinatio)* y por Woodderborn *(Quatuor problematum... Confutatio)*, constituyendo los pocos escritos que junto a la *Conversación* y la *Narratio* de Kepler hablan a favor de Galileo. Con todo, hay que ser conscientes de las dificultades que entraña aceptar, por ejemplo, la tricorporeidad de Saturno mostrada por un aparato que puede hacer aparecer dobles algunas fuentes luminosas.

Mas, aun dando por superados estos problemas, queda todavía por librar la batalla de interpretar teóricamente los «datos» de la observación. En este terreno se vio Galileo envuelto en un sinnúmero de polémicas, terreno en el que se mostraba especialmente entrenado y brillante. Hemos seleccionado de manera absolutamente impresionista y breve, por no decir arbitraria, tres ejemplos; uno un tanto cáustico acerca del difunto Giulio Libri, quien se había negado a mirar por el telescopio; otro atañe fundamentalmente a las objeciones de los astrólogos (concretamente de Horky) a la utilidad cósmica de los satélites de Júpiter, de donde deducirían, a la manera de F. Sizzi en su *Diánoia,* que no existen; el último se refiere a las imaginarias suposiciones introducidas arbitrariamente por los aristotélicos (en este caso, Ludovico delle Colombe) para salvar la tesis de que los cuerpos celestes son esferas perfectas, ante el descubrimiento del relieve lunar.

El tema es demasiado enjundioso como para que pueda recibir aquí un adecuado tratamiento, a la vez que lo suficientemente interesante como para que rehusemos dejarlo completamente fuera.

1. *M. Horky a J. Kepler*

Bolonia, 27 de abril de 1610

… … … … … … … … … … … … … … … … …

Posdata.

Te confiaré el ardid que llevé a cabo. Galileo Galilei, matemático paduano, vino a visitarnos a Bolonia trayendo consigo aquel anteojo mediante el que vio cuatro planetas ficticios. El 24 y 25 de abril, día y noche, no dormí nada, sino que probé una y mil veces el instrumento de Galileo, ora en las cosas de aquí abajo, ora en las de allá arriba. En las de abajo obró milagros; en el cielo fracasó, pues algunas estrellas fijas se ven dobles. Así observé la noche siguiente con el anteojo de Galileo la estrellita que se ve sobre la central de las tres de la cola de la Osa Mayor. También vi cuatro estrellitas próximas diminutísimas como observó Galileo en Júpiter. Tengo como testigos excelentísimos varones y nobilísimos doctores, Antonio Roffeni, muy erudito matemático de la Universidad de Bolonia, y otros muchos que junto conmigo observaron en el cielo la constelación del pesebre la misma noche del 25 de abril, estando presente el propio Galileo; mas todos confesaron que el instrumento fracasaba. Galileo enmudeció, y el día 26, día de la Luna, se despidió entristecido del Ilustrísimo D. Magini a primera hora de la mañana, sin dar las gracias por los favores e infinitas reflexiones, harto por haber vendido una fábula. El D. Magini ofreció a Galileo un banquete notable, magnífico y delicado. Así, el infeliz Galileo dejó con su anteojo Bolonia el día 26, y mientras que estuvo en Bolonia no dormí nunca, sino que probé de infinitos modos este instrumento. Ya contaré más cosas sobre el particular en otra ocasión. Saludos.

He hecho, un molde de cera de las lentes que nadie conoce y, si Dios me da salud, haré un anteojo mejor que el de Galileo [14].

2. *A Paolo Gualdo*

Florencia, 17 de diciembre de 1610

Han aparecido, finalmente, algunas observaciones sobre los Planetas Medíceos vistas por algunos Padres Jesuitas estudiantes del P. Clavio, así como por el propio P. Clavio, escritas y enviadas también a Venecia. Se las he hecho ver muchas veces a algunos de los mismos Padres aquí en Florencia, así como también a todos cuantos aquí están y a otros que han pasado por aquí; y éstos se han servido de ellas en prédicas y pláticas con conceptos muy graciosos. Sin embargo, no confío en poder vencer a algunos de estos filósofos o, mejor dicho, no creo que me vaya a resultar tan fácil eliminar estas simplezas. Ha muerto en

[14] Aunque la carta de Horky está en latín, esta última frase en que confía a Kepler su felonía está redactada en alemán.

Pisa el filósofo Libri, acérrimo impugnador de estas fruslerías mías, el cual, no habiéndolas querido ver en la Tierra, quizá las vea al irse al cielo.

3. *A Piero Dini*

Roma, 21 de mayo de 1611

He visto las ocasiones de dudar acerca de los cuatro Planetas Medíceos... ... ...
Y si bien se trata de una cuestión de hecho, cuya verdadera decisión deberá depender del sentido y de la experiencia, con todo, puesto que las dudas y objeciones derivan de especulaciones e imaginaciones y no puedo a tanta distancia dar la verdadera y adecuada satisfacción, que sería la sensible, trataré de eliminar discursivamente las causas del dudar; esto es, expresamente las que se contienen en la carta del Sr. Sassetti.

En primer lugar, que puedan esos señores dudar que haya engaño en el anteojo me parece algo verdaderamente admirable. En efecto, paréceme a mí que no me negarán que hallar los engaños y falacias de un instrumento u otro artificio compete y es facultad propia de quien sea experto en ese arte del que tal instrumento depende, así como de haber realizado muchas experiencias con ese mismo instrumento. Pues bien, sabiendo que tanto la construcción como la teoría de este anteojo depende del conocimiento de las refracciones, que forma parte de las ciencias matemáticas, mi propia profesión, no pudiendo dudarse que yo, hace ya ahora dos años, haya hecho con mi instrumento, o más bien con decenas de instrumentos míos, decenas de miles de experiencias con miles y miles de objetos, tanto próximos como lejanos, grandes y pequeños, luminosos y opacos, no puedo ver cómo es que alguien pueda llegar a pensar que yo, con demasiada simplicidad, haya permanecido engañado en mis observaciones y que entre la perspicacia del ingenio de otro y la estupidez del mío pueda caber tanta discrepancia que aquél, sin ni siquiera haber visto mi instrumento, haya descubierto en él esas falacias de las que yo, que he hecho cien mil experiencias, no me he dado cuenta; y no ya yo solo, sino tampoco nadie de todos los que lo han utilizado junto conmigo... ... ...

... ...

Añado además que no es sólo mi anteojo o los otros por mí construidos los que hacen ver los cuatro Planetas Joviales, sino también todos los demás fabricados en cualquier lugar por cualquier artífice, con tal de que estén bien construidos, mostrando los demás objetos grandes y claros. Pues bien, con todos estos instrumentos usados en cualquier lugar se ven las mismas mutaciones noche tras noche y exactamente las mismas disposiciones de dichos planetas. De tal modo, quienes pretendan mantener que a pesar de todo tales fenómenos sean ilusiones, tendrán grandes dificultades para hallar las razones por las cuales todos los instrumentos grandes y pequeños, largos y cortos, sean tan conformes en las falacias y en mostrarlas, entre la innumerabilidad de objetos visibles, tan sólo en torno a la estrella de Júpiter.

... ...

Por lo que atañe a la otra parte, esto es, que tales planetas, si realmente existen, sean por su pequeñez ineficaces [15], no veo cómo se me pueda achacar a mí que no he dicho ni palabra acerca de su eficacia o influencias. Así pues, si alguien los juzga superfluos, inútiles y ociosos para el mundo que le ponga pleito a la naturaleza o a Dios, que no a mí que nada tengo que ver con ello ni hasta ahora he pretendido otra cosa que mostrar que están en el cielo y que giran con movimientos propios en torno a la estrella de Júpiter.

... ...

---

[15] Recuérdese que Kepler estaba preocupado también por este mismo problema (*Conversación,* pp. 141 y ss.), si bien trata de salvar la astrología sin poner en tela de juicio las observaciones de Galileo, quien, por otra parte, se toma con cierta ironía las preocupaciones de los astrólogos, como es obvio por lo que sigue.

Déjense, pues, para los cuerpos celestes más vastos las mayores operaciones sobre las cosas inferiores, como los cambios de las estaciones, las conmociones de las mareas y de los vientos, las perturbaciones del aire y (si es que operan sobre nosotros) las constituciones y disposiciones del cuerpo, las cualidades y complexiones generales y otros influjos semejantes; que no faltarán en la Tierra miles y miles de otros efectos particulares referidos a influjos más sutiles y esperituales para quienes deseen ocuparse de tales curiosidades. Mas si algún impaciente quisiese obligarme a decir qué influjo particular creo yo que depende de estos planetas recientemente descubiertos por mí, le responderé que todos aquellos influjos que él ha estimado hasta ahora que se debían a Júpiter solo derivan no sólo de Júpiter, sino también de sus satélites, y que el hecho de que él haya creído que Júpiter operaba solo sin saber que tenía cuatro compañeros, ninguna eficacia ha tenido en hacer que Júpiter cesase de tenerlos al lado cooperando con él. No sabría yo distinguir más concretamente sus efectos en ausencia de alguien que le quitase de su lado los satélites, haciéndolo operar solo durante cierto tiempo. ¿Y quién podrá saber si la ira, el amor, el odio y demás pasiones tales son afecciones residentes en el corazón o en el cerebro, a menos que trate primero de vivir algún tiempo sin cerebro o sin corazón?

... ...

4. *A Gallanzone Gallanzoni*

Florencia, 16 de julio de 1611

... ...

Ahora bien, de este mismo cuerpo lunar que vemos mediante la iluminación del Sol afirmo en primer lugar, no en virtud de la imaginación, sino por la experiencia sensible y por demostración necesaria, que es de superficie llena de innumerables cavidades y prominencias, tan acentuadas que superan con mucho el relieve terrestre. No cumple que exponga en este lugar las observaciones de las que deduzco mis demostraciones, tanto porque las he escrito en otra parte, exponiéndolas oralmente muchísimas veces, cuanto porque los adversarios de los que ahora se trata no niegan ni aquéllas ni tampoco las aparentes desigualdades lunares, sino que sus consideraciones vienen a decir en esencia que la Luna es ahora no sólo aquel globo que nosotros vemos y hemos visto hasta ahora con los ojos, sino que además de lo visto por los hombres hay entorno un cierto medio transparentísimo a guisa de cristal o diamante, totalmente imperceptible a nuestros sentidos; el cual, llenando todas las cavidades y cubriendo las más elevadas eminencias lunares, ciñe entorno aquel primitivo y visible cuerpo, terminando en una superficie esférica lisa y muy pulida que no impide, sin embargo, el paso de los rayos del Sol, de modo que puedan reflejarse en las montuosidades sumergidas, provocando la proyección de las sombras en las partes opuestas, ofreciendo así la antigua Luna a nuestros sentidos. No cabe duda de que se trata de una bella obra de la imaginación; el único problema es que ni está demostrada ni es demostrable...

... ...

mas si nos permitimos imaginar lo que nos dé la gana, si otros dicen que la Luna se halla rodeada esféricamente por un cristal transparente aunque invisible, lo aceptaré de grado con tal que con igual cortesía se me permita decir que dicho cristal posee en su superficie un grandísimo número de montañas inmensas y treinta veces mayores que las terrestres, que no podemos ver nosotros por ser de una sustancia diáfana. De este modo podré imaginar otra Luna diez veces más montañosa que la primera... ...

... ...

Apéndice III

Usos prácticos del telescopio

Nota introductoria

Además de un notable teórico, Galileo era una persona de no poca habilidad manual, muy interesada por las técnicas de los maestros de diferentes oficios. Por otro lado, no siendo un miembro ocioso de alguna de las múltiples órdenes religiosas, necesitaba ofrecer y vender sus servicios útiles a una república (cuyo interés por la utilidad resultaba incluso desmedida para los gustos de Galileo) o a un príncipe, más proclive a darse por satisfecho con caprichos que el pueblo de una república. No es de extrañar entonces que se interesase por los usos prácticos y vendibles del telescopio. De hecho, la primera carta aquí incluida la escribió algunos meses antes de hacer ningún uso astronómico del anteojo. Y, ciertamente, un indicio del contexto artesanal en que se gestó el telescopio galileano es que en dicha carta se diga que la invención se basó en *la perspectiva,* sin que se mencione para nada la teoría de las refracciones hasta el año siguiente.

Galileo hace hincapié en dos usos prácticos. El primero y más obvio (el único que aparece en la primera carta) es el militar, consistente en «ver sin ser visto», pues merced a él se pueden avistar bajeles enemigos con un par de horas de antelación, si es que vienen a todo trapo. Cuando a partir del verano de 1611 empezó a disponer de los períodos de los satélites de Júpiter descubiertos el año anterior, el camino estaba expedito para una nueva aplicación del telescopio: la determinación de la longitud, problema especialmente acuciante en la navegación de altura. Así, el 7 de septiembre de 1612 propuso su nuevo método, consistente en usar a Júpiter y sus cohortes como un reloj visible en el cielo. En efecto, disponiendo de tablas de eclipses y otras configuraciones referidas al horario de Florencia, se puede calcular la longitud por la diferencia entre esa hora y la local, siempre y cuando se sepa cómo medir el tiempo a partir de la puesta del Sol. (En la última carta seleccionada, Galileo propone utilizar para ello su descubrimiento del isocronismo de las oscilaciones pendulares.)

Aunque en teoría el método era irreprochable, en la práctica estaba plagado de dificultades, siendo las más importantes la necesidad de disponer a bordo de un personal especializado y la enorme dificultad de realizar observaciones con un telescopio sobre un cascarón dando bandazos sobre la más ligera mar. Aunque Galileo trató de simplificar al máximo los procedimientos requeridos para que cualquiera pudiese dominarlos en un par de semanas e ingenió cascos y diversos ingenios estables para mantener la horizontalidad en el observatorio, nadie se sintió tentado a comprar el invento, por más que se lo ofreciese en primer término a España (a ello se orienta la carta a Orso D'Elci, embajador en Madrid) y, en segundo, en 1636, a la joven y libre nación holandesa (carta a Realio), enemiga de la primera, cuyo ominoso yugo se había sacudido recientemente.

1. *A Leonardo Donato, Dux de Venecia*

Padua, 24 de agosto de 1609

Serenísimo Príncipe,

Galileo Galilei, humildísimo siervo de la Serma. V. a., velando asiduamente y de todo corazón para poder no solamente satisfacer el cargo que tiene de la enseñanza de Matemáticas en la Universidad de Padua, sino también aportar un extraordinario benecio a la S. V. con algún invento útil y señalado, preséntase en este momento ante ella con un nuevo artificio consistente en un anteojo extraído de las más recónditas especulaciones de perspectiva, el cual pone los objetos visibles tan próximos al ojo, presentándolos tan grandes y claros, que lo que se encuentra a una distancia de, por ejemplo, nueve millas, se nos muestra como si distase tan sólo una milla, lo que puede resultar de inestimable provecho para todo negocio y empresa marítima, al poder descubrir en el mar embarcaciones y velas del enemigo a mayor distancia de la usual, de modo que podremos descubrirlo a él dos horas o más antes de que él nos descubra a nosotros, y distinguiendo además el número y características de sus bajeles podremos estimar sus fuerzas aprestándonos a su persecución, al combate o a la huida. De igual manera se puede descubrir en tierra, desde alguna elevación, aunque sea distante, los alojamientos y abrigos del enemigo en el interior de las plazas, o incluso se puede a campo abierto ver y distinguir en particular todos sus movimientos y preparativos con grandísima ventaja nuestra. Posee además muchas otras utilidades claramente obvias para cualquier persona juiciosa. Y por tanto, juzgándolo digno de ser aceptado por la S. V. y estimándolo utilísimo, ha determinado presentárselo, dejando a su arbitrio juzgar acerca de este descubrimiento, ordenando y proveyendo que, según le parezca oportuno a su prudencia, se fabriquen o no.

... ...

2. *A Orso D'Elci* (en Madrid)

Florencia, junio de 1617

Mientras pensaba en los modos de superar esas dificultades que retrasan la realización de mi invento relativo a la navegación por la longitud, se me ha ocurrido otra invención de enorme utilidad para la navegación de las galeras por estos mares nuestros, de la que quisiera servirme a fin de que me facilite concluir con Su Majestad el otro invento. Describiré sucintamente a V. Exc. la nueva invención, así como el modo de hacerla valer a Su Majestad.

Hallándome hace tres meses en Livorno, el Sr. Almirante, algunos capitanes y yo discurríamos sobre la inmensa utilidad que representaría para las expediciones de nuestras galeras poder servirse en la navegación del uso del anteojo sobre las propias galeras y en la punta del palo o la cofa, pues se podrían descubrir y reconocer los bajeles enemigos y su calidad, número y fuerza mucho tiempo antes que ellos reconociesen los nuestros, por lo que con gran ventaja y aún entera seguridad podremos tomar la oportuna decisión de persecución o de fuga. Mas señalaban que tal uso les estaba completamente vedado por la continua agitación de la galera, sobre todo en la punta del palo, movimiento que impide completamente poder hallar el objeto con el tubo, fijando la vista sobre él siquiera un instante. Yo, tras las consideraciones enunciadas, me entregué a la especulación sobre este servicio, descubriendo, finalmente, un a modo de anteojo distinto del otro, con el que se hallan los objetos con la misma rapidez que a simple vista y, una vez hallados, es posible seguirlos a voluntad sin perderlos, de modo que se dispone de tiempo para contarlos y reconocerlos perfectísimamente con enorme ventaja para nosotros [16]. En efecto, este nuevo procedimiento mío aumenta la visión diez veces sobre la natural, de modo que lo que se capta naturalmente a la distancia, por ejemplo, de una milla se ve de la misma manera a la distancia de cien, y se observa con ambos ojos a la vez con gran facilidad y aun con placer del observador.

... ...

Mas para dar con el modo, absolutamente nuevo en el mundo, de reconocer la longitud en mar y tierra cualquier día, me ha sido necesario hallar primero el modo de aumentar la potencia visual (...). Mas eso no era suficiente si la naturaleza no hubiese colocado en el cielo algunas estrellas errantes [17] e invisibles para todos cuantos me precedieron, las cuales, con las continuas y frecuentes mutaciones de sus aspectos, pudieran servir a nuestras necesidades. Estaban y están tales estrellas en el cielo, aunque

16 En una carta a Curzio Picchena del 22 de marzo de 1617, anuncia haber construido ya un aparato para obviar las dificultades de observar con un telescopio en una nave agitada por la mar. Se trata de la especie de casco *(celatone)* con anteojo incorporado que se menciona al final de la carta siguiente.

17 Se trata, obviamente, de los satélites de Júpiter.

en vano estarían allí si yo no las hubiera descubierto. Las he descubierto, siendo un nobilísimo hallazgo, pues ha significado encontrar otro pequeño mundo en este gran mundo. Mas todo esto era poco o nada si yo no hallaba además con toda exactitud sus momentos y períodos, cosa que he conseguido mediante vigilias y muy diligentes observaciones durante cinco años seguidos, con gran menoscabo para la salud y peligro de la vida. Sin embargo, tampoco bastaba todo esto si no se me ocurría aplicar toda esta gran maquinación al uso de la navegación, proveyendo a aquellas dificultades que pudieran oponerse a su puesta en práctica [18]; y esto es algo que también he realizado. Ahora bien, que esta operación que depende de tan grandes y nobles principios se haya de tornar proporcionada a la estolidez de cerebros escogidos de entre los más estúpidos es algo que yo ni sé ni habré de querer saber hacerlo; mas les digo a V. Excel. y a Su Majestad que la he reducido a tal agilidad que los propios marineros que toman la altura de la línea, del polo, del Sol y que manejan la brújula y la carta harán también todos excelentemente esta operación de la longitud tras una instrucción de diez o quince días a lo sumo, mientras que yo año tras año les suministraré por escrito o impresas las disposiciones y aspectos de esas nuevas estrellas que se pueden seguir continuamente de hora en hora, bastando encontrar una sola de dichas disposiciones la noche que desean hallar la longitud para que la sepan inmediatamente tan sólo con que sepan contar las horas a partir de la puesta del Sol... ...

... ...

3. *A Lorenzo Realio*

Arcetri, junio de 1637

... ...

---

[18] Alude a las dificultades de contar con personal especializado a bordo capaz de realizar las operaciones y cómputos necesarios para determinar la hora por los satélites.

A lo que me dice el Sr. Ortensio, la duda que básicamente opone V. S. Ilustrísima se refiere a poder utilizar el telescopio en la nave, la cual por la fluctuación de las olas no permite hacer las debidas observaciones en torno a los satélites de Júpiter. (...) Pregunta también por la construcción del reloj por mí propuesto, de tanta exactitud que baste para contar las partes del tiempo por pequeñas que sean, sin error alguno, en todos los lugares y en todas las estaciones del año.

En cuanto a la primera dificultad, no cabe duda de que se presenta como la mayor, si bien creo haberle puesto remedio para las medianas conmociones de la nave, lo que es suficiente, ya que cuando tienen lugar las grandes agitaciones y tempestades, que la mayoría de las veces ocultan incluso la vista del Sol y no ya de otras estrellas, cesan todas las demás observaciones no menos que todos los demás oficios marineros. Mas en las medianas agitaciones creo que se puede reducir el estado de quien deba realizar las observaciones a una placidez semejante a la tranquilidad y bonanza del mar. Y para lograr semejante beneficio, he pensado colocar al observador en un lugar de la nave de tal modo dispuesto que no sólo las conmociones de proa a popa, sino también las laterales de las bandas, no se noten nada. Mi pensamiento tiene el siguiente fundamento. Si la nave estuviese siempre en aguas placidísimas sin ninguna fluctuación, no cabe duda de que el uso del telescopio sería igual de fácil que en tierra firme. Ahora bien, pretendo poner al observador en una pequeña nave colocada en la grande, la cual nave pequeña tenga dentro una cierta cantidad de agua conforme a las necesidades que expondré. Aquí, en primer lugar, es manifiesto que el agua contenida en el vaso pequeño, por más que la nave se incline o recline a diestra y siniestra, adelante o atrás, se conservará siempre equilibrada, sin alzarse o descender en ninguna de sus partes, sino que se conservará siempre paralela al horizonte. De este modo, si en esta pequeña nave ponemos otra menor flotando en el agua contenida en ella, vendrá a encontrarse en un mar placidísimo y, en consecuencia, no fluctuará. Esta segunda navecilla será el lugar donde habrá de colocarse el observador. Deseo, por tanto, que el primer recipiente que debe contener el agua sea como un gran barreño con la forma de medio orbe esférico, siendo semejante a él el recipiente menor, aunque habrá de ser en tal medida menor que entre su superficie convexa y la cóncava del continente no quede un espacio mayor que el grosor del dedo pulgar. Así, sucederá que poquísima cantidad de agua bastará para sostener el vaso interior, no menos que si estuviese colocado en el amplio océano, tal y como lo demuestro en mi tratado sobre las cosas que flotan en el agua [19], lo que a primera vista parece cosa verdaderamente maravillosa e increíble. El tamaño de estos recipientes ha de ser tal que el interno y menor pueda sostener sin hundirse el peso de quien haya de hacer las observaciones, junto con el asiento y los demás ingenios orientados a la colocación del telescopio. Y a fin de que el recipiente interior se halle siempre separado de la superficie del externo sin que nunca la toque, de manera que no pueda moverse a la manera en que se mueve el externo por la agitación de la nave, dispongo que en la superficie interna y cóncava del recipiente externo o en la convexa del interior se coloquen algunos muelles en número de ocho o diez que impidan la aproximación de ambos recipientes, sin que por ello obstaculicen el que el interior no obedezca las subidas y bajadas de los bordes del externo. Y si en vez de agua tuviésemos a bien poner aceite, ello servirá igual o mejor, sin que se precise mucha cantidad, pues bastaría con dos o a lo sumo tres barriles. Podrá V. S. Ilustrísima y el Sr. Ortensio realizar alguna experiencia con dos pequeños cuencos de cobre, poniendo en el menor una cierta cantidad de arena, con tal de que flote en el agua, y tras clavar un puñal recto en dicha arena, mover el recipiente externo, inclinándolo ora de ésta, ora de aquella parte. Verán cómo dicho puñal se mantiene siempre en la misma posición sin inclinarse nada, sobre todo si las inclinaciones del vaso

---

[19] *Discurso en torno a las cosas que permanecen sobre el agua o que en ella se mueven,* Florencia, 1612.

continente se realizan con lentitud y con notable intervalo de tiempo entre una y otra, tal y como ocurre con las grandes naves. Mas tenga por seguro V. S. Ilustrísima que cuando se comience a dedicarse a la práctica de tales operaciones, no nos faltarán hombres de tal destreza que con el tiempo se acostumbren a practicar estas operaciones sin otros preparativos artificiosos. Yo he construido ya para el uso de nuestras galeras una especie de gorro en forma de celada que, poniéndosela en la cabeza el observador y teniendo aquélla un telescopio adaptado y ajustado de modo que mire siempre al mismo punto al que dirije la mirada el otro ojo libre, sin más componendas el objeto mirado con el ojo libre se hallará siempre frente al telescopio. Se podría construir una máquina similar que se ajustase inmóvilmente no ya sobre la cabeza sola, sino también sobre las espaldas y el busto del observador, y sobre la que se habría de fijar un telescopio de la magnitud necesaria para discernir bien las pequeñas estrellas joviales, estando acomodado de tal manera, respondiendo a uno de los ojos, que fuese a dar en el objeto visto con el otro ojo libre, de modo que con el simple dirigir la vista al cuerpo de Júpiter el otro ojo lo encontrase con el telescopio, viendo por ende las estrellas próximas a él.

... ...

Indice

857 Jaime Gil de Biedma:
Antología poética
Selección de Shirley Mangini González

858 Albert Camus:
Calígula

859 Gerald Durrell:
Encuentros con animales

860 Ross Macdonald:
La mirada del adiós

861 Jorge Amado:
Cacao

862, 863 Pablo Neruda:
Antología poética
Prólogo, selección y notas de Hernán Loyola

864 Alfredo Bryce Echenique:
Cuentos completos

865 Antología de la poesía latina
Selección y traducción de Luis Alberto de Cuenca y Antonio Alvar

866 Juan Carlos Onetti:
Juntacadáveres

867 Jean-Paul Sartre:
Las manos sucias

868 Antología de cuentos de terror
II. De Dickens a M. R. James

869 Américo Castro:
Teresa la santa con otros ensayos

870 C. B. Macpherson:
La democracia liberal y su época

871 Eugène Ionesco:
Rinoceronte

872 Juan Rulfo:
El gallo de oro

873 Francisco de Quevedo:
Antología poética
Prólogo y selección de Jorge Luis Borges

874 Emile Zola:
Los Rougon-Macquart
El vientre de París

875 Rafael Alberti:
Sobre los ángeles (1927-1928)

876 Ciro Alegría:
Los perros hambrientos

877 Guy de Maupassant:
La casa Tellier y otros cuentos eróticos

878 Rafael Arrillaga Torrens:
Introducción a los problemas de la Historia

879 José María Guelbenzu:
El pasajero de ultramar

880 Jean-Paul Sartre:
Los secuestrados de Altona

881, 882 Alexis de Tocqueville:
El Antiguo Régimen y la revolución

883 Fedor Dostoiewski:
Noches blancas. El pequeño héroe. Un episodio vergonzoso

884 Albert Camus:
El malentendido

885 Leopoldo Lugones:
Antología poética

886 Isaac Asimov:
Historia Universal Asimov
Constantinopla

887 Ricardo Güiraldes:
Don Segundo Sombra

888 Juan Valera:
Juanita la Larga

889 José Ferrater Mora:
Cuatro visiones de la historia universal

890 Patricia Highsmith:
Ese dulce mal

891 H. P. Lovecraft:
Dagón y otros cuentos macabros

892 Jean Paul Sartre:
Nekrasov

893 Jean Itard:
Victor L'Aveyron

894 Isaac Asimov:
Historia Universal Asimov
La Alta Edad Media

895 Otto R. Frisch:
De la fisión del átomo a la bomba de hidrógeno

896 Emile Zola:
Los Rougon Macquart
La conquista de Plassans

897 Albert Camus:
Los justos

898 Doce relatos de mujeres
Prólogo y compilación de Ymelda Navajo

899 Mario Benedetti:
Cuentos

900 Fernando Savater:
Panfleto contra el Todo

901 Ciro Alegría:
La serpiente de oro

902 W. H. Thorpe:
Breve historia de la etología

903 Horacio Quiroga:
El salvaje

904 Stanley G. Payne:
El fascismo

905 Jean:Paul Sartre:
Las palabras

906 G. A. Bürger:
Las aventuras del Barón de Münchhausen

907 Isaac Asimov:
Historia Universal Asimov
La formación de Inglaterra

908 Emilio Salgari:
La montaña de luz

909 Gerald Durrell:
Atrápame ese mono

910 Albert Camus:
La caída

911 Leibniz:
Discurso de metafísica

912 San Juan de la Cruz:
Poesía y prosas

913 Manuel Azaña:
Antología
1. Ensayos

914 Antología de cuentos de terror
III. De Machen a Lovecraft
Selección de Rafael Llopis

915 Albert Camus:
Los posesos

916 Alexander Lowen:
La depresión y el cuerpo

917 Charles Baudelaire:
Las flores del mal

918 August Strindberg:
El viaje de Pedro el Afortunado

919 Isaac Asimov:
Historia Universal Asimov
La formación de Francia

920 Angel González:
Antología poética

921 Juan Marichal:
La vocación de Manuel Azaña

922 Jack London:
Siete cuentos de la patrulla pesquera y otros relatos

923 J. M. Lévy-Leblond:
La física en preguntas

924 Patricia Highsmith:
La celda de cristal

925 Albert Camus:
El hombre rebelde

926 Eugène Ionesco:
La cantante calva

927 Luis de Góngora:
Soledades

928 Jean-Paul Sartre:
Los caminos de la libertad, 1

929 Max Horkheimer:
Historia, metafísica y escepticismo

930 M. Costa y C. Serrat:
Terapia de parejas

931, 932 Elías Canetti:
Masa y poder

933 Jorge Luis Borges (con la colaboración de Margarita Guerrero):
El «Martín Fierro»

934 Edward Conze:
Breve historia del budismo

935 Jean Genet:
Las criadas

936 Juan Ramón Jiménez:
Antología poética, 1
(1900-1917)

937 Martin Gardner:
Circo matemático

938 Washington Irving:
Cuentos de La Alhambra

939 Jean-Paul Sartre:
Muertos sin sepultura

940 Rabindranaz Tagore:
El cartero del rey. El asceta.
El rey y la reina.

941 Stillman Drake:
Galileo

942 Norman Cohn:
El mito de la conspiración judía mundial

943 Albert Camus:
El exilio y el reino

944, 945 José Ferrater Mora:
Diccionario de Filosofía de Bolsillo
Compilado por Priscilla Cohn

946 Isaac Asimov:
Historia Universal Asimov
La formación de América del Norte

947 Antonio Ferres:
Cuentos

948, 949 Robert Graves:
La Diosa Blanca

950 Los mejores cuentos policiales, 2
Selección, traducción y prólogo de Adolfo Bioy Casares y Jorge Luis Borges

951, 952 Benito Pérez Galdós:
Fortunata y Jacinta

953 Nicolás Copérnico, Thomas Digges, Galileo Galilei:
Opúsculos sobre el movimiento de la tierra

954 Manuel Azaña:
Antología
2. Discursos

955 Carlos García Gual:
Historia del rey Arturo y de los nobles y errantes caballeros de la Tabla Redonda

956 Isaac Asimov:
Grandes ideas de la ciencia

957 José María Arguedas:
Relatos completos

958 Fernando Sánchez Dragó:
La España mágica
Epítome de Gárgoris y Habidis

959 Jean-Paul Sartre:
Los caminos de la libertad, 2

960 Elías Canetti:
El otro proceso de Kafka

961 Francisco de Quevedo:
Los sueños

962 Jesús Mosterín:
Historia de la filosofía, 1

963 H. P. Lovecraft:
El clérigo malvado y otros relatos

964 Carlos Delgado:
365+1 cócteles

965 D. H. Lawrence:
Hijos y amantes

Esta obra se terminó de imprimir en enero de 1988
en los talleres de Editora Publimex, S.A., Calz. Sn. Lorenzo
No. 239–32 Col. Estrella Iztapalapa, México, D.F.
Se tiraron 2,000 ejemplares más
sobrantes para reposición